建（构）筑物坍塌搜救技术培训

中级学员手册

中国地震应急搜救中心 著

地震出版社

图书在版编目（CIP）数据

建（构）筑物坍塌搜救技术培训中级学员手册 / 中国地震应急搜救中心著.
-- 北京：地震出版社，2021.9
ISBN 978-7-5028-5301-3

Ⅰ.①建… Ⅱ.①中… Ⅲ.①建筑物—坍塌—救援—技术培训—教材
Ⅳ.① TU746.1

中国版本图书馆 CIP 数据核字 (2021) 第 099627 号

地震版 XM4808 / TU（6109）

建（构）筑物坍塌搜救技术培训中级学员手册

中国地震应急搜救中心 著
责任编辑：凌　樱
责任校对：鄂真妮

出版发行：地震出版社
北京市海淀区民族大学南路 9 号　　　　邮编：100081
发行部：68423031　　　　传真：68467991
总编办：68462709　68423029
http://seismologicalpress.com
E-mail: dz_press@163.com

经销：全国各地新华书店
印刷：河北文盛印刷有限公司

出版发版（印）次：2021 年 9 月第一版　2021 年 9 月第一次印刷
开本：787×1092　1/16
字数：175 千字
印张：7.75
书号：ISBN 978-7-5028-5301-3
定价：48.00 元

编 委 会

前　言

　　我国是世界上自然灾害最为严重的国家之一，各类事故隐患和安全风险交织叠加。随着影响公共安全的因素日益增多，灾害事故已严重影响和制约了经济的持续稳定发展，并成为影响社会安全的重要因素。特别是当前新能源、新工艺、新材料的广泛应用，使灾害事故愈加多样化、复杂化，极易引起次生、衍生灾害，产生连锁反应，形成复合灾害，因此抢险救援难度加大，对灾害事故处置的方法、手段、技术、装备以及救援的专业化水平也提出了更高要求。

　　党的十八大以来，以习近平同志为核心的党中央对应急管理工作高度重视，十三届人大一次会议表决通过了国务院机构改革方案。整合国家应急救援力量，组建了应急管理部，实现由"单灾种"的条块管理向"多灾种"的综合管理、综合减灾、综合救灾的转变。为适应"全灾种、大应急"的工作要求，推动综合性消防救援队伍能力的建设，国家将在原有8个国家级区域陆地搜寻基地的基础上，规划建设更具规模、更富实战经验的集战勤保障、紧急救援和专业化培训于一体的区域救援中心。基地化培训将成为提升各级救援队伍专业救援能力的重要途径和平台。

　　为规范基地化培训的教学管理活动，国家地震紧急救援训练基地总结了多年来基地化教学、培训、管理的经验与教训，集合教官团队的力量，组织编写了《基地化培训教学管理丛书》，包括：学员手册、教官手册、评估手册等，旨在为同类型基地开展陆地、山岳、水域等领域的培训，提供一些可供借鉴且适用的参考资料。

　　由于我们的经验和水平限制，丛书中难免有不当之处，敬请同行们指正。

丛书主编：贾群林

2020 年 11 月

目录

第四章　建筑物坍塌救援行动安全管理

第五章　综合搜索行动

附　录

第一章

现场救援行动的指挥与协调

█ 简介和概述

本章重点讲述了什么是建筑坍塌现场救援行动的指挥与协调。

本章结束时，你能了解现场救援行动的指挥体系的建设及协调关系，包括：

◎ 了解现场组织指挥体系

◎ 掌握现场指挥关系与方式

本章讨论和实践的主题包括：

◎ 指挥机构及行动编组

◎ 指挥关系

◎ 指挥方式

◎ 指挥保障

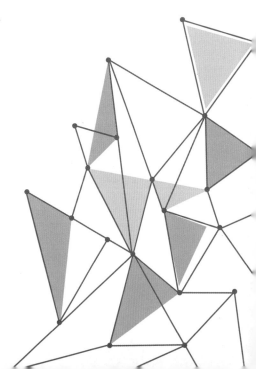

第一节　指挥机构及行动编组

指挥机构是以指挥员及其指挥机关为主体的指挥实体，是为完成应急救援任务而建立的指挥组织体系。

根据实际救援任务需要，建立相应的指挥机构，形成相对独立和完整的指挥体系。

救援队的指挥员（官），应参与灾区本级人民政府建立的应急救援指挥的联合决策和指挥，将救援队伍融入现场指挥体系之中，统筹调动、统一指挥。

一、指挥机构

（1）基本指挥所。

（2）先遣指挥所。

（3）现场指挥所。

（4）保障指挥所。

二、行动编组

救援队伍遂行救援任务时，为便于按照指令和预案有序展开救援行动，还应根据灾情和任务需要，进行必要的行动编组。通常按以下几个方面进行区分和编组：

（1）抢险作业编组（突击救援组、排险清障组、现场勤务组）。

（2）医疗救护编组（伴随救护组、定点救护组）。

（3）后勤保障编组（运输保障组、器材保障组、物资保障组、技术保障组）。

（4）政治工作编组（宣传鼓动组、群众工作组、资料收集组）。

第二节　指挥关系

指挥关系是指参加应急救援行动队伍各级指挥机构上下级和友邻之间所形成的各种关系的总和。

遂行应急救援任务时，根据上级规定，救援队伍与地方政府、其他救援力量、所属队伍（分队）分别构成指挥、控制、指导、协调关系。救援队伍在行动中要坚持做到：在工作部署上以地方政府属地管理为主，实行统一领导；在行动组织上以重点地区为主，实施统一筹划；在力量使用上以救援队为骨干，实施统一指挥，以提高指挥效能。

（1）救援队伍与应急指挥机构关系。

（2）救援队伍与其他救援力量的关系。

（3）救援队伍内部力量之间的关系。

第三节　指挥方式

指挥方式是指挥员实施指挥的形式。不同指挥方式各有不同的优点和缺陷，各有不同的用场和局限。指挥员及其指挥机关必须熟谙各种指挥方式，根据灾难事故应急救援的任务种类、灾情程度和现场环境等情况，灵活运用各种指挥方式方法，确保对救援队伍的有效控制，圆满完成救援任务。

（1）集中指挥与分散指挥。

（2）按级指挥与越级指挥。

（3）固定指挥与移动指挥。

（4）委托式指挥与协调式指挥。

第四节　指挥保障

指挥保障是为了让指挥员及其指挥机关在组织应急救援行动中能顺利实施指挥活动而采取的各种保障措施。

为了保持指挥系统的安全稳定和指挥活动的高效有序，必须周密组织各种应急救援行动的指挥保障。应急救援行动的指挥保障内容主要包括指挥法规保障、指挥信息保障、指挥通信保障等。

一、指挥法规保障

（1）规范应急救援行动方案的种类和有关要素。

（2）规范应急救援指挥体制。

（3）增设有关应急救援知识的训练内容。

二、指挥信息保障

（1）强化军地信息整合，提高信息感知能力。

（2）完善指挥信息系统，提高信息控制能力。

三、指挥通信保障

（1）通信器材保障。

（2）通信联络组织。

（3）通信手断与方法。

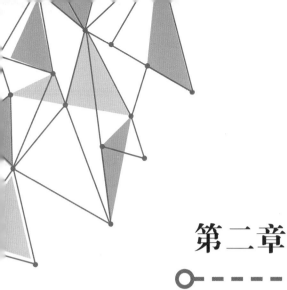

第二章

建（构）筑物典型倒塌模式结构分析

■ 简介和概述

本章重点讲述了各类建（构）筑物因灾难事故倒塌的特点和结构构件破坏机理，以及如何对受损建（构）筑物进行危险性分析及研判。

本章结束时，你能够在建（构）筑物坍塌作业环境下对所面临的风险和挑战进行分析，并根据作业点的倒塌特点制定救援策略，最大程度的保障救援人员及受困者的安全。

本章讨论和实践的主题包括：

◎　建（构）筑物破坏等级划分
◎　建（构）筑物破坏特点及分析
◎　建筑物安全评估及救援安全要求
◎　建（构）筑物倒塌案例分析

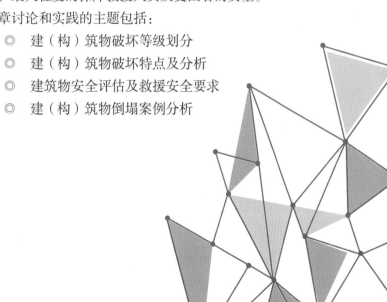

第一节　建（构）筑物破坏等级划分

建筑物类型包括：砌体结构；底部框架结构；内框架结构；钢筋混凝土框架结构；钢筋混凝土剪力墙（或筒体）结构；钢筋混凝土框架—剪力墙（或筒体）结构；钢框架结构；钢框架—支撑结构；砖柱排架结构厂房；钢、钢筋混凝土柱排架结构厂房；排架结构空旷房屋；木结构房屋；土、石结构房屋。

建筑物地震破坏等级划分原则以承重构件的破坏程度为主，兼顾非承重构件的破坏程度，并考虑修复的难度和功能丧失程度的高低。建筑物破坏等级划分为五级标准：Ⅰ级基本完好；Ⅱ级轻微破坏；Ⅲ级中等破坏；Ⅳ级严重破坏；Ⅴ级倒塌。

下面以救援中常见的砌体结构房屋、钢筋混凝土框架结构房屋和钢、钢筋混凝土柱排架结构厂房及土、石结构房屋破坏为例说明破坏等级。

一、砌体结构房屋

1. Ⅰ级基本完好

主要承重墙体基本完好；个别非承重构件轻微损坏（如个别门、窗口有细微裂缝等）；结构使用功能正常，不加修理可继续使用。

2. Ⅱ级轻微破坏

承重墙无破坏或个别有轻微裂缝；屋盖和楼板完好；部分非承重构件有轻微损坏或个别有明显破坏（如屋檐塌落、坡屋面溜瓦、女儿墙出现裂缝、室内抹面有明显裂缝等）；结构基本使用功能不受影响，稍加修理或不需修理可继续使用。

3. Ⅲ级中等破坏

多数承重墙出现轻微裂缝，部分墙体有明显裂缝；个别屋盖和楼板有裂缝；多数非承重构件有明显严重破坏（如坡屋面有较多的移位变形和溜瓦、女儿墙出现严重裂缝、室内抹面有脱落等）；结构基本使用功能受到一定影响，修理后可使用。

4. Ⅳ级严重破坏

多数承重墙有明显裂缝，部分有严重破坏（如墙体错动、破碎、内或外倾斜或局部倒塌）；屋盖和楼板有裂缝，坡屋顶部分塌落或严重移位变形；非承重构件破坏严重（如非承重墙体成片倒塌、女儿墙塌落等）或整体结构明显倾斜；结构基本使用功能受到严重影响，甚至部分功能丧失，难以修复或无修复价值。

5. Ⅴ级倒塌

多数墙体严重破坏，结构濒临倒塌或已倒塌；结构使用功能不复存在，已无修复可能。

二、钢筋混凝土框架结构房屋

1. Ⅰ级基本完好

框架梁、柱构件完好；个别非承重构件轻微损坏（如个别填充墙内部或与框架交接处有轻微裂缝，个别装修有轻微损坏等）；结构使用功能正常，不加修理可继续使用。

2. Ⅱ级轻微破坏

个别框架梁、柱构件出现细微裂缝；部分非承重构件有轻微损坏或个别有明显破坏（如部分填充墙内部或与框架交接处有明显裂缝等）；结构基本使用功能不受影响，稍加修理或不需修理可继续使用。

3. Ⅲ级中等破坏

多数框架梁、柱构件有轻微裂缝，部分有明显裂缝，个别梁、柱端混凝土剥落；多数非承重构件有明显破坏（如多数填充墙有明显裂缝，个别出现严重裂缝等）；结构基本使用功能受到一定影响，修理后可使用。

4. Ⅳ级严重破坏

框架梁、柱构件破坏严重，多数梁、柱端混凝土剥落、主筋外露，个别柱主筋压屈；非承重构破坏严重（如填充墙大面积破坏，部分外闪倒塌），或整体结构明显倾斜；结构基本使用功能受到严重影响，甚至部分功能丧失，难以修复或无修复价值。

5. Ⅴ级倒塌

框架梁、柱破坏严重，结构濒临倒塌或已倒塌；结构使用功能不复存在，已无修复可能。

三、钢、钢筋混凝土柱排架结构厂房

1. Ⅰ级基本完好

主要承重构件和支撑系统完好；屋盖系统完好或个别大型屋面板松动；个别非承重构件轻微损坏（如个别围护墙有细微裂缝等）；结构使用功能正常，不加修理可继续使用。

2. Ⅱ级轻微破坏

柱完好或个别柱出现细微裂缝；部分屋面构件连接松动，个别天窗架有轻微损坏；部分非承重构件有轻微损坏或个别有明显破坏（如山墙和围护墙有裂缝等）；结构基本使用功能不受影响，稍加修理或不加修理可继续使用。

3. Ⅲ级中等破坏

多数柱有轻微裂缝，部分柱有明显裂缝，柱间支撑弯曲；部分屋面板错动，屋架倾斜，屋面支撑系统变形明显或个别屋面板塌落；多数非承重构件有明显破坏（如多数围护墙有明显裂缝，个别出现严重裂缝等）；结构基本使用功能受到一定影响，修理后可使用。

4. Ⅳ级严重破坏

多数钢筋混凝土柱破坏处表层脱落，内层有明显裂缝或扭曲，钢筋外露、弯曲，个别柱破坏处混凝土酥碎，钢筋严重弯曲，产生较大变位或已折断；钢柱翼缘扭曲，变位较大；屋盖局部塌落；非承重构件破坏严重（如山墙和围护墙大面积倒塌等）或整体结构明显倾斜；结构基本使用功能受到严重影响，甚至部分功能丧失，难以修复或无修复价值。

5. V级倒塌

多数钢筋混凝土柱破坏处混凝土酥碎，钢筋严重弯曲；钢柱严重扭曲，产生较大变位或已折断；屋面大部分塌落或全部塌落，山墙和围护墙倒塌；整体结构濒临倒塌或已倒塌；结构使用功能不复存在，已无修复价值。

四、土、石结构房屋

1. I级基本完好

主要承重墙基本完好；屋面或拱顶完好；个别非承重构件轻微损坏（如个别门、窗口有细微裂缝，屋面溜瓦等）；结构使用功能正常，不加修理可继续使用。

2. II级轻微破坏

承重墙无破坏或个别有轻微裂缝；屋盖和拱顶基本完好；部分非承重构件有轻微损坏，或个别有明显破坏（如部分非承重墙有轻微裂缝，个别有明显裂缝，山墙轻微外闪，屋面瓦滑动等）；结构基本使用功能不受影响，稍加修理或不加修理可继续使用。

3. III级中等破坏

多数承重墙出现轻微裂缝，部分墙体有明显裂缝，个别墙体有严重裂缝，窑洞拱体多处开裂；个别屋盖和拱顶有明显裂缝；部分非承重构件有明显破坏（如墙体抹面多处脱落，部分屋面瓦滑落等）；结构基本使用功能受到一定影响，修理后可使用。

4. IV级严重破坏

多数承重墙有明显裂缝，部分有严重破坏（如墙体错动、破碎、内或外倾斜或局部倒塌）；屋面或拱顶隆起或塌陷；局部倒塌或整体结构明显倾斜；结构基本使用功能受到严重影响，甚至部分功能丧失，难以修复或无修复价值。

5. V级倒塌

多数墙体严重断裂或倒塌，屋盖或拱顶严重破坏或塌落；整体结构濒临倒塌或全部倒塌；结构使用功能不复存在，已无修复价值。

第二节　建（构）筑物破坏特点及分析

在建（构）筑物倒塌救援时，主要关注的是破坏严重、对人员生命可能造成伤害的房屋建筑破坏情况。根据国内外特别是汶川地震中房屋建筑破坏情况以及救援实例分析，从以下两种房屋倒塌类型对建（构）筑物破坏特点进行研究。

一、钢筋混凝土框架结构和砖混结构房屋

在建（构）筑物倒塌救援中，钢筋混凝土框架结构和砖混结构房屋是我们面对的主要房屋类型。按照其破坏后的现状以及可能采取不同的救援方法，我们将钢筋混凝土框架结构和砖混结构房屋的震害划分如下类型。

1. 无规则完全倒塌破坏

无规则完全倒塌破坏属于完全倒塌类型，承重的墙体或柱粉碎性破坏，地震荷载大大超出承重的墙体或柱所能承受的荷载。5~7层的房屋倒塌后往往变成2~3层高，倒塌没有方向性，梁、板、柱、墙体等构件无序排列，形成的空隙很小，人的生存空间也会很小，救援难度最大，如图2-1和图2-2所示。

图2-1　都江堰倒塌房屋　　　　　　　　图2-2　北川县城倒塌房屋

2. 单斜式倒塌破坏

单斜式倒塌破坏属于完全倒塌类型，由于受某一方向地震力或其他外力的作用，房屋向某一方向完全倒塌。这种倒塌如果是框架结构，梁、柱的刚度足够强，梁、柱、墙体未完全破坏，那么倒塌后就能够形成一定空隙，有一定的生存空间，便于打通救援通道进行营救；如果是砖混结构或梁、柱刚度较弱的框架结构，单斜式倒塌破坏后每层楼房就会像大的铁饼斜摞起来一样，形成的空隙很小，人的生存空间也会很小，救援难度很大，如图2-3和图2-4所示。

图2-3　漩口某房屋单斜式倒塌　　　　　图2-4　都江堰某房屋单斜式倒塌

3. 部分倒塌

根据房屋建筑倒塌部位的不同，可分为平面上部分倒塌和竖向上部分倒塌，如图 2-5 至图 2-8 所示。平面上部分倒塌是指住宅楼的部分单元倒塌、办公楼或公用建筑在平面上部分倒塌，这种部分倒塌一般一塌到底，倒塌后下面所形成的空隙很小，人生存的可能性也很小，但是在倒塌部分和未倒塌部分之间由于梁、柱、板的支撑可能形成生存空间。竖向上部分倒塌是指一栋房屋上部或底部部分楼层倒塌，上部部分楼层倒塌，在倒塌部分和未倒塌部分之间由于梁、柱、板的支撑可能形成生存空间，底部部分楼层倒塌也可形成一定的生存空间。

图 2-5　映秀镇某房屋平面上部分倒塌

图 2-6　都江堰某房屋平面上部分倒塌

图 2-7　北川县城某房屋竖向上部分倒塌

图 2-8　都江堰某房屋竖向上部分倒塌

4. 楼梯倒塌

一般来说，由于楼梯的刚度和建筑其他部分的刚度有差异，所以地震时楼梯是容易发生破坏的部位，也是人员集中的部位。楼梯倒塌后，由于楼梯梁、板纵横交错，能够形成一定的空隙，人员有一定的生存空间，如图 2-9 所示。

图 2-9 都江堰某房屋楼梯倒塌

5. 楼房薄弱层（底层或者中间转换层）坍塌

由于楼房在竖向上刚度不均匀，地震时会出现楼房薄弱层坍塌现象，如图 2-10 和图 2-11 所示。楼房薄弱层坍塌一般为底层或者中间转换层。楼房薄弱层坍塌后由于梁、柱、板、墙体的支撑可能形成 40~50 厘米高的空隙，人员有一定的生存空间。

图 2-10 阪神地震某房屋薄弱层坍塌

图 2-11 漩口镇某房屋底层坍塌

6. 严重破坏

在地震灾害中有的房屋建筑被严重破坏，如图 2-12 和图 2-13 所示，出现部分墙体倒塌、部分楼板掉落、部分梁柱破坏、部分基础破坏等现象，严重破坏的房屋建筑破坏现象千差万别，没有一定的规律，仅有很少部分严重破坏造成人员伤亡。一般情况下，严重破坏的房屋建筑能够形成较大的空隙，方便救援。

图 2-12　都江堰某房屋严重破坏

图 2-13　北川县城某房屋严重破坏

二、工业厂房及空旷房屋

在建（构）筑物倒塌救援中，工业厂房和空旷房屋也是我们经常面对的类型，按照其破坏后的现状以及可能采取不同的救援方法，我们将工业厂房和空旷房屋的震害划分如下类型。

1. 完全倒塌

完全倒塌是指工业厂房和空旷房屋完全倒平，如图 2-14 和图 2-15 所示，围护墙和屋盖系统全部倒塌，柱子倒塌或残留。由于工业厂房和空旷房屋室内有设备或坚固的座椅，可能有一定的间隙，人员有一定的生存空间。

图 2-14　什邡市磷肥厂厂房完全倒塌

图 2-15　唐山地震某厂房倒塌

2. 屋盖倒塌

屋盖倒塌是指工业厂房和空旷房屋屋盖系统全部倒塌，如图 2-16 所示，围护墙和柱子未倒塌，形成 V 形倒塌，即屋盖中部倒塌落地，屋盖两边连接在屋盖上；有时也会出现屋盖一边倒塌落地，一边连接在屋盖上的情况。屋盖倒塌有一定的间隙，人员有一定的生存空间。

图 2-16 汶川地震某厂房屋盖倒塌

3. 围护系统倒塌

围护系统倒塌是指工业厂房和空旷房屋屋盖系统和柱子未倒塌，只有围护系统倒塌。若仅仅是围护系统倒塌是便于对埋压者进行救援的，如图 2-17 所示。

图 2-17 什邡某厂房围护系统倒塌

4. 多层厂房倒塌

多层厂房倒塌的情况类似于多层框架结构的倒塌，其破坏特征可以参考钢筋混凝土框架结构震害。

第三节 建筑物安全评估及救援安全要求

救援中建筑物的安全评估是解决建筑物安全程度、分析安全威胁来自何方、安全风险有多大、确保救援安全保障工作应采取哪些措施等一系列具体问题的基础性工作。

从理论上讲，不存在绝对的安全，实践中也不可能做到绝对安全，风险总是客观存在的。安全与风险是生命救援的综合平衡。盲目追求安全而耽误救援和完全回避风险而盲目救援都是不科学、不可取的。

救援中建筑物的安全评估要从实际出发，突出重点，正确地评估风险，以便采取有效、科学、客观的措施。主要包括：施救中建筑物安全评估内容、安全评估方法、安全评估经验。

一、安全评估内容

1. 外部环境安全评估

施救位置是否可能遭受泥石流、崩塌、滑坡等灾害威胁；附近是否存在遭受破坏的油库、加油站、易燃易爆的化学工厂等；附近是否存在可能破坏而影响救援的建筑等。

2. 总体安全评估

依据建筑物破坏情况，分析建筑物的现状或遭受外力后整体再发生破坏的可能性，比如倒塌方向、影响范围等。

3. 救援部位的局部安全评估

具体为施救过程中有关构件的安全情况、支撑情况等。

二、安全评估方法

倒塌救援现场，建筑物破坏各种各样，埋压人员的一定是破坏严重或倒塌的建筑，应该说其安全评估的实质是风险评估。在安全风险评估过程中，有几个关键的问题需要考虑。

（1）确定面临哪些潜在安全威胁？

（2）评估安全威胁事件发生的可能性有多大？

（3）一旦安全威胁事件发生，会造成什么影响？

（4）应该采取怎样的安全措施才能确保救援人员和被救人员的安全？

解决以上问题的过程，就是安全风险评估的过程。

1. 风险评估常用的分析方法

在理论上风险评估可以采用多种操作方法，包括基于知识的分析方法、基于模型的分析方法、定量分析和定性分析。

1）基于知识的分析方法（经验方法）

基于知识的分析方法又称作经验方法，一般不需要付出很多精力、时间和资源，只要通过多种途径采集相关信息，识别组织的风险所在和当前的安全措施，与特定的标准或最佳惯例进行比较，从中找出不符合的地方，并按照标准或最佳惯例的推荐选择安全措施，最终达到消减和控制风险的目的。

基于知识的分析方法，最重要的还在于评估信息的采集，信息源包括：①会议讨论；②对当前的信息安全策略复查；③制作问卷，进行调查；④对相关人员进行访谈；⑤进行实地考察。

2）基于模型的分析方法

2001年1月，由希腊、德国、英国、挪威等国的多家商业公司和研究机构共同组织开发了一个名为CORAS的项目。其目的是开发一个基于面向对象建模特别是UML技术的风险评估框架，它的评估对象是对安全要求很高的一般性系统。CORAS考虑到技术、人员以及所有与组织安全相关的方面，通过风险评估组织可以定义、获取并维护系统的保密性、完整性、可用性、抗抵赖性、可追溯性、真实性和可靠性。与传统的定性和定量分析类似，CORAS 风险评估沿用了识别风险、分析风险、评价并处理风险的过程，但其度量风险的方法则完全不同，所有的分析过程都是基于面向对象的模型来进行的。

CORAS 的优点：提高了对安全相关特性描述的精确性，改善了分析结果的质量；图形化的建模机制便于沟通，减少了理解上的偏差；加强了不同评估方法互操作的效率。

3）定量分析

进行详细风险分析时，除了可以使用基于知识的评估方法外，最传统的还是定量和定性的分析方法。

定量分析方法的思想很明确：对构成风险的各个要素和潜在损失的水平赋予数值或货币金额，当度量风险的所有要素（资产价值、威胁频率、弱点利用程度、安全措施的效率和成本等）都被赋值，风险评估的整个过程和结果就都可以被量化了。

定量分析试图从数字上对安全风险进行分析评估，对安全风险进行准确的分级，其前提条件是可供参考的数据指标必须是准确的。事实上，在信息系统日益复杂多变的今天，定量分析所依据的数据的可靠性是很难保证的，再加上数据统计缺乏长期性，计算过程又极易出错，这就给分析的细化带来了很大困难。所以，目前的信息安全风险分析，采用定量分析或者纯定量分析方法的已经比较少了。

4）定性分析

定性分析是目前采用最为广泛的一种方法，它带有很强的主观性，往往需要凭借分析者的经验和直觉，或者业界的标准和惯例，为风险管理的要素（资产价值、威胁的可能性、弱点被利用的容易度、现有控制措施的效力等）的大小或高低程度定性分级，例如"高""中""低"三级。

定性分析的操作方法可以多种多样，包括小组讨论、检查列表、人员访谈、调查等。定性分析操作起来相对容易，但也可能因为操作者经验和直觉的偏差而使分析结果失准。与定量分析相比较，定性分析的准确性稍好但也不够十分精确；定性分析没有定量分析那样繁多的计算负担，但要求分析者具备一定的经验和能力；定量分析依赖大量的统计数据，而定性分析没有这方面的要求；定性分析较为主观，定量分析基于客观；此外，定量分析的结果很直观，容易理解，而定性分析的结果则很难有统一的解释。组织可以根据具体的情况来选择定性或定量的分析方法。

2. 适宜建筑物安全评估的方法

按照以上的安全风险评估方法，考虑建筑物破坏的特殊情况，我们认为采用基于知识的分析方法（经验方法）和定性分析方法比较适宜。

三、安全评估经验

施救中建筑物安全评估以经验为主，但是经验来源于科学的认识。地震救援中许多建筑结构处于暂时稳定状态，要明确可能引起二次破坏并对救援产生危险的部位，再根据情况确定需要支撑加固的部位。在对部分倒塌的建筑和附近有破坏的建筑进行救援时要评估可能掉落物的危险性。施救中撤掉的支撑需及时补上。施救中对可能产生危险的建筑物和构筑物进行必要的观测、监测。

1. 建立撤离通道和营救通道

（1）救援前首先要明确救援队员的撤离通道和安全位置。

（2）尽量利用废墟内现有空间建立通道。

（3）遇到障碍时，利用设备采取破拆、顶升、凿破方式开辟通道；在清理通道过程中要进行支撑和加固。

2. 地震救援安全要求

（1）全体队员必须树立"安全第一"的意识，救援队长是第一安全责任人。

（2）必须对救援现场进行安全评估，明确救援行动方案后才能进入。

（3）设置安全员，安全员应设在能够通视全局，离队长位置较近的高处，随时向队长报告险情，紧急情况下可直接发出警报指令，队员必须听从安全员指挥。

（4）救援队员需配备头盔、口罩、手套、靴子等个人防护装备。

（5）遇到危险及时撤离，待重新评估后才能进入。

第四节　建（构）筑物倒塌案例分析

2016年2月6日凌晨，台湾南部发生大地震，台南永康维冠金龙大楼因地震突然倒塌。

救援结束后，检方陆续展开搜证工作，据了解，大楼由维冠建设所盖，但由于维冠建设已于1999年倒闭，9月21日，大楼因曾经受损被判定为危楼。检方传唤承建商林明辉的下游承包商，以取得建筑偷工减料和设计不良的证据。台南市政府受罹难者和伤者家属委托，对林明辉以及建筑公司股东等人的财产提出假扣押。维冠大楼倒塌当天，台南地检署派出3名具有土木背景的检察官，会同台南市土木技师公会、台南市政府工务局技师进入倒塌现场采证。办案人员指出，初步目测可看出维冠大楼在兴建时，混凝土和钢筋严重偷工减料，而且大楼东侧设计了骑楼，这些明显的缺失，未来都是检方侦办的重点。此外，检方查出维冠大楼倒塌前，内部结构早已问题重重，除电梯经常损坏、墙面龟裂外，大楼内多数住户漏水。根据现场照片，对此建（构）筑物倒塌案例进行分析，得到以下可能性。

1. 房屋年代较为久远

1989年的抗震设防标准相对于今天的抗震设防标准还是较低的，本身就存在隐患，抗震能力较低。另外台南市已经历过多次地震（影响较大的如：1999年集集地震、2004年高雄仙甲地震），可能存在损伤积累。

2. 质量及结构问题

1989年成立的维冠建设短短4年就盖了"维冠龙殿"和"维冠金龙"，在取得"维冠金龙"的建筑执照后营业至一半时维冠建设就爆发出财务危机，勉强盖完后即宣布解散。

2. 场地放大效应及不良局部地质

高雄台南在中央山脉的水系形成的冲积扇上，所以表层土一般含水率高，密实度低，容易出现液化、软土现象，对抗震不利。比较厚的软弱覆盖层对地震有放大作用，对高层建筑产生比较大的影响。

3. 已发现的现场问题

（1）箍筋弯钩角度不足。

（2）混凝土钢筋结合不牢。

（3）建筑平面长宽比较大且为单轴对称不规则圆形。

（4）老建筑设计时标准低，抗震能力不足，抗震设计水平低。

4. 由原因进行推测

（1）受设计时规范和偷工减料影响，箍筋不足，弯钩角度不足，同时可能缺少柱端加密区，导致柱端出现塑性铰破坏。

（2）柱内箍筋不足且施工质量太差，弯钩角度不足，直接导致抗剪承载力不足，直接被剪断。

（3）柱内混凝土或施工质量不合格，与纵向钢筋黏接失效，钢筋拔出。

第三章

建筑物倒塌救援力学基础计算

▌简介和概述

本章重点讲述了建（构）筑物倒塌救援技术中涉及的静力学公理以及救援技术运用过程中需要分析的力学要点。

本章结束时，你能够熟练运用静力学知识解决救援技术问题，能够对受损结构进行静力学分析，促进救援效率提高、促成救援安全习惯养成、促使救援技能水平精进。

本章讨论和实践的主题包括：

- ◎ 力与力学模型
- ◎ 静力学公理
- ◎ 约束与约束反力
- ◎ 物体的受力分析和受力图

第一节　力与力学模型

一、力

1. 力的概念

当某一物体受到力的作用时，一定有另一物体对它施加这种作用。力是物体间相互的机械作用。

2. 施力物体和受力物体

施力物体和受力物体是相对具体受力分析而言的，一个物体受到力的作用，一定有另一个物体对它施加这种作用，前者是受力物体，后者是施力物体。

3. 力的效应

（1）外效应指力使物体的运动状态发生改变的效应。

（2）内效应指力使物体的形状发生变化的效应。

4. 力的三要素

（1）力的大小。

（2）力的方向。

（3）力的作用点。

二、力的模型

模型：对实际物体和实际问题的合理抽象与简化。

刚体：对物体的合理抽象与简化。

集中力与分布力：对受力的合理抽象与简化。

约束：对接触与连接方式的合理抽象与简化。

（1）刚体。是指在力的作用下形状和大小都保持不变的物体。简单地说，刚体就是在讨论问题时可以忽略由于受力而引起的形状和体积改变的理想模型。

（2）集中力与分布力。接触面面积很小，则可以将微小面积抽象为一个点，将受力合理抽象简化为集中力。接触面面积较大不能忽略时，则力在整个接触面上分布作用，将受力合理抽象与简化为分布力。

（3）约束。是构件之间的接触与连接方式的抽象与简化。

第二节　静力学公理

一、作用与反作用公理（公理一）

两个物体间的作用力与反作用力总是同时存在、同时消失，且大小相等、方向相反的，其作用线沿同一直线，分别作用在这两个物体上，如图 3-1 所示。

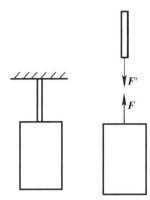

图 3-1 作用力与反作用力

二、二力平衡公理（公理二）

作用于同一刚体上的两个力，使刚体平衡的必要且充分条件是这两个力的大小相等，方向相反，作用在同一条直线上，如图 3-2 所示。

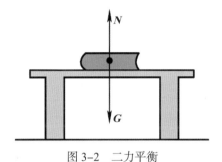

图 3-2 二力平衡

三、加减平衡力系公理（公理三）

在一个刚体上增加或减少一个平衡力系，并不改变原力系对刚体的作用效果。

力的可传性原理：作用于刚体的力可以沿其作用线滑移至刚体的任意点，不改变原力对该刚体的作用效应，如图 3-3 所示。

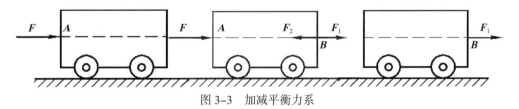

图 3-3 加减平衡力系

四、力的平行四边形公理（公理四）

作用于物体上同一点的两个力，可以合为一个合力，合力也作用于该点上，其大小和方向可以用这两个力为邻边所构成的平行四边形的对角线来表示。

力的三角形：将力矢 F_1、F_2 首尾相接（两个力的前后次序任意）后，再用线段将其封闭构成一个三角形。封闭边代表合力 F_R。这一力的合成方法称为力的三角形法则，如

图 3-4 所示。

$$F_R = F_1 + F_2$$

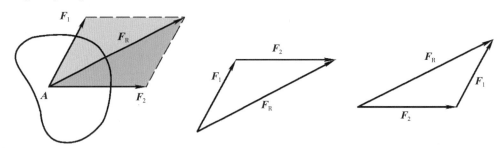

图 3-4 力的三角形

三力平衡汇交定理：若作用于物体同一平面上的三个互不平行的力使物体平衡，则它们的作用线必汇交于一点，如图 3-5 所示。

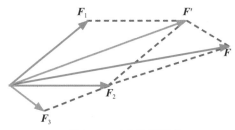

图 3-5 三力平衡汇交

三力构件：只受共面的三个力作用而平衡的物体，如图 3-6 所示。

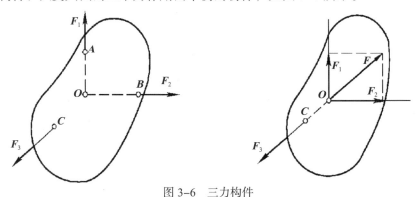

图 3-6 三力构件

第三节 约束与约束反力

一、自由体与非自由体

自由体：只受主动力作用，而且能够在空间沿任何方向完全自由运动的物体（位移不受限制的物体）。

非自由体：运动在某些方向上受到了限制而不能完全自由运动的物体（位移受限制的物体）。

二、主动力与约束反力

约束指对非自由物体的限制。当物体沿着约束所能限制的方向有运动趋势时，约束为了阻止物体的运动，必然对物体有力的作用，这种力称为约束反力或反力，如表 3-1 所示。

表 3-1　主动力与约束反力的区别

	主动力	约束反力
定义	促使物体运动或有运动趋势的力，属于主动力，工程上常称为载荷	阻碍物体运动的力，随主动力的变化而改变，是一种被动力
特征	大小与方向预先确定，可以改变运动状态	大小未知，取决于约束本身的性质，与主动力的值有关，可由平衡条件求出。约束力的作用点在约束与被约束物体的接触处。约束力的方向与约束所能限制的运动方向相反

三、几种常见的约束及其反力

1. 柔性体约束

由柔软而不计自重的绳索、链条、传动带等所形成的约束，如图 3-7 所示。

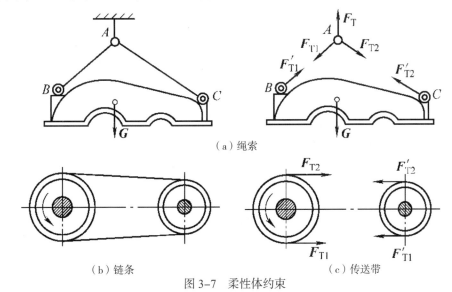

（a）绳索

（b）链条　　　　　　　　　（c）传送带

图 3-7　柔性体约束

特点：只能承受拉力，不能承受压力。

2. 光滑面约束

由光滑接触面所构成的约束，如图 3-8 所示。

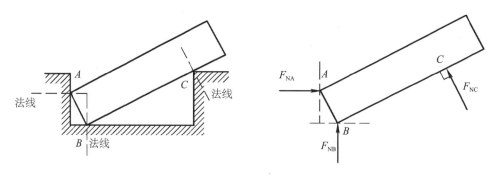

图 3-8　光滑面约束

特点：物体可以沿光滑的支撑面自由滑动，也可向离开支撑面的方向运动，但不能沿接触面法线并朝向支撑面方向运动。

3. 光滑圆柱铰链约束

（1）中间铰链约束。

用销钉将两个具有相同直径圆柱孔的物体连接起来，且不计销钉与销钉孔壁之间摩擦的约束，如图 3-9 所示。

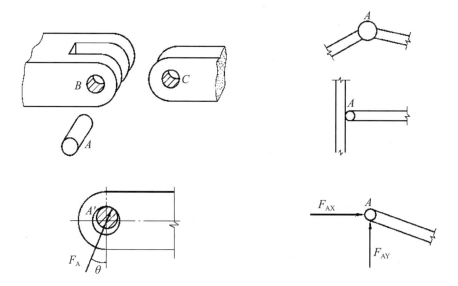

图 3-9　中间铰链约束

特点：只限制两个物体在垂直于销钉轴线的平面内沿任意方向的相对移动，而不能限制物体绕销钉轴线的相对转动和沿其轴线方向的相对移动。

（2）固定铰链支座。

圆柱销连接的两构件中，有一个是固定构件，如图 3-10 所示。

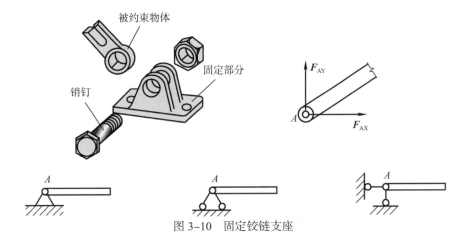

图 3-10　固定铰链支座

特点：能限制物体（构件）沿圆柱销半径方向的移动，但不限制其转动。

（3）活动铰链支座。

铰链将桥梁、房屋等结构连接在几个圆柱形滚子的活动支座上，支座在滚子上可作左右相对运动，两个支座间距离可稍有变化，如图 3-11 所示。

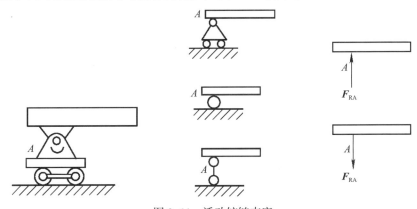

图 3-11　活动铰链支座

特点：在不计摩擦的情况下，能够限制被连接件沿着支撑面法线方向的上下运动。

第四节　物体的受力分析和受力图

一、分离体

为分析某一物体的受力情况而解除限制该物体运动的全部约束，将其从相联系的周围物体中分离出来的物体。

二、物体的受力图

将物体所受的全部主动力与约束反力以力的矢量形式表示在分离体上，这样得到的图形称为研究对象的受力图。

物体受力图的画法与步骤：①确定研究对象，取分离体；②画主动力；③画约束反力。

具体示例可参见示例 1~2。

【示例 1】重量为 G 的梯子 AB，放置在光滑的水平地面上，并斜靠在铅直墙上，在 D 点用一根水平绳索与墙相连。试画出梯子的受力图。

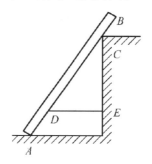

【示例 2】简支梁 AB，在跨中 C 处受到集中力 F 作用，A 端为固定铰支座约束，B 端为活动铰支座约束。试画出梁的受力图（梁自重不计）。

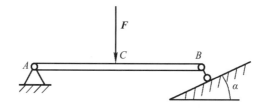

第四章

建筑物坍塌救援行动安全管理

▌简介和概述

本章重点讲述了建筑坍塌灾害事故环境下综合风险应对与管控。

本章结束时，你将掌握对建筑坍塌搜救行动进行综合风险管控的方法，包括：

◎ 制定安全保障计划

◎ 熟悉掌握安保技术手段

本章讨论和实践的主题包括：

◎ 安全保障计划

◎ 安全保障技术手段

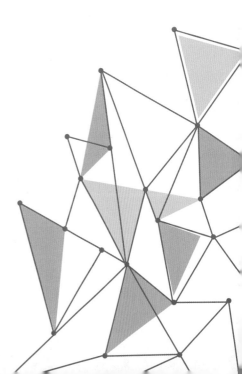

第一节　安全保障计划

一、安全保障计划的概念

多种危险安全保障计划为多种事故提供安全指南，其首字母的组合为LCES。L代表观察；C代表通信；E代表逃生路线；S代表安全区。在任何处置场景中，上述四个方面都应当被顾及，必须确保这些地区的安全以对全体响应成员的安全负责。

二、安全保障的人防措施

1. 望：瞭望观察

瞭望观察是现场专职安全员的职责，该角色不参与救援操作，只做观察。他们自主地观察整个行动过程，识别潜在的危险情况，在它们变得更严重之前及时指出，并采取缓解措施。

（1）安全员可分为不同类别。

（2）整个救援队可以有总安全员。

（3）特殊的危险场所可以有场所安全员。当救援人员在密闭空间中开展救援时，被指派专门看护保障变电箱的人员；或者在震后的余震期间，爬上斜坡，对大坝下救援人员进行安全预警的2人安全小队等。

（4）安全员或瞭望者应寻找紧邻救援点、安全且视野清晰的环境，开展观察工作。

（5）安全员不应参与实际救援行动，因为这样做可能会影响他们及时识别潜在的危险。

（6）安全员应该通过无线电指定，并穿着安全员背心以方便识别。在救援小组规模不大的情况下，安全员的指定也可以在安全事项介绍过程中直接进行明确。

（7）承担安全员职能的团队成员必须抵御参与救援行动的冲动，这要求安全员高度的自律性。请记住，救援任务成功与否取决于在危险成为问题之前，及时对其进行抑制的能力。

2. 传：信息传递

正式的通信预案需要由通信专家负责制定，包括指令、战术手段、特殊电台频道等，是救援人员联系外部资源、支援，确保安全的生命线。通信预案是救援队行动方案的重要组成部分。

（1）当救援现场可能出现危险时，可使用以下突发情况警报系统：

①立即撤离：3声短信号（每次持续1秒）；

②停止行动：1声长信号（持续3秒）；

③恢复行动：1声长信号和1声短信号。

（2）信号发出装置不必拘泥，可因地制宜。

汽笛、汽车喇叭、哨子声、P.A.S.S.设备以及无线电台等都可用于发出报警信号。关键是在正式行动前的安全沟通会上，一定要提前明确一旦出现问题，报警信号该如何发出。

举例来说，通过将两个无线电台摆放在一起，扬声器对着麦克风，按下传送按钮，声音会在所有其他调至该频率的无线电设备上响起（需要实际测试验证）。

3. 撤：撤离路线

撤离路线是指通往安全避难区域预先制定或建立的通道。

（1）最安全的撤离方法可能不是最直接的路线。例如，震后建筑物结构支柱就算依然存在，但是在余震期间可能会发生坍塌，虽然通往安全避难所的最直接路线就位于支柱的坍塌范围内，但只有离支柱一定安全距离的撤离路线才是最安全的。

还有一个选择是待在原地。如果某个工作区域已经进行了支撑处理，且离开该区域可能使救援人员暴露于多种危险之中，这种情况下待在原地可能是最好的选择。

（2）救援情况经常是动态的、不断改变的，可能由于外力作用，也可能是救援行动导致的。逃生计划应根据现场情况变化而不断调整。

当新的计划制定出来后，每个团队成员都必须知晓行动中的调整。这份新计划也需要得到所有团队成员的承认和认可。如果新计划被制定后没有向其他团队人员进行复述，那么有些团队成员可能对新计划的内容不清楚，这样可能会造成伤亡的严重后果。

4. 避：避险安全区

安全区域也称为"安全避难所"，是为了避免危险伤害而提前设立的安全区或安全屋。安全区域可以是位于涉险区域外的某个特定范围，也可以是位于涉险区域内被认定为安全的某个区域。如果安全区必须位于涉险区域内，救援者应尽可能在受害者周边建安全区，以更好地保障受害者与救援者安全。

当受害者被困在一个坍塌建筑物内，并且救援人员已经围绕受害者划定了临时避难区并进行顶撑时，如果发生余震，救援人员的合理选择是待在原地。

安全预案中应指定一个安全区，供救援队清点人数。清点结果应立刻报告给上级指挥员，以便在紧急情况发生时对每个队员提供100%的安全保证。

三、安全保障预案的模板

安全预案应遵循LCES原则，其内容应基于对救援现场的侦察评估，并经队伍负责人或来自前期在该区域进行救援的团队确定。

由于救援过程是动态的，当救援队到达新的现场后，应着手进行新的侦察评估。

如果安全预案的信息有任何变化，应马上对安全预案进行修改，所有队员都必须知晓预案发生的变化。对可能会影响整个救援行动的变化，应立刻沿指挥链向上汇报；对仅影响特定位置的变化，应传递给之后到达的救援队。

安全预案要明确立即撤离、停止行动和恢复行动的不同报警信号，另外还需要确定撤离后进行人员清点的区域。

四、安全保障预案的传达

安全沟通会是安全保障预案传达的重要环节。在安全沟通会上要说明每个救援小分队都有哪些成员、谁是队长，同时明确各项保障功能的负责人。这也是下一行动阶段开始前，救援专家认识整个团队的最好机会。

第二节 安全保障技术手段

一、建筑危险监测

1. 简易工具监测

一个简单的铅锤和细绳可用于确定中小型结构的一个事故点与另一个事故点的位置，事故点与地面之间，或者墙壁上部某位置与地面之间的位置变化。简易工具通常有斜平面、杠杆、滑轮、辊。此外，我们将简要介绍千斤顶和安全气囊的使用，以提升和/或移动结构崩溃现场的物体。

2. 全站仪监测

全站仪即全站型电子测距仪，是一种集光、机、电为一体的高技术测量仪器，也是集水平角、垂直角、距离（斜距、平距）、高差测量功能于一体的测绘仪器系统。与光学经纬仪比较，电子经纬仪将光学度盘换为光电扫描度盘，将人工光学测微读数代之以自动记录和显示读数，使测角操作简单化，且可避免读数误差的产生。因其安置一次仪器就可完成该测站上全部测量工作，所以称之为全站仪。广泛用于地上大型建筑和地下隧道施工等精密工程测量或变形监测领域。

3. 水准仪监测

水准仪是建立水平视线测定地面两点间高差的仪器。原理为根据水准测量原理测量地面点间高差。主要部件有望远镜、管水准器（或补偿器）、垂直轴、基座、脚螺旋。按结构可分为微倾水准仪、自动安平水准仪、激光水准仪和数字水准仪（又称电子水准仪）。按精度可分为精密水准仪和普通水准仪。

4. 位移监测仪监测

近年来，越来越多的边坡采用GPS法和固定测斜仪内部监测用于边坡位移（滑动）监测。

"基于高精度 GNSS 的监测物联网系统"是一种广泛应用于各种监测对象的工业级远程监测物联网系统，可对远程监测终端进行自动采集、处理、监测及预警。该系统集测绘、GNSS、GIS、远程控制、数据通信、灾害预警及物联网等技术于一体，以 GPRS/3G/ 电台 /Zigbee/ 北斗为通信手段，融合多种监测传感器（GNSS 接收机、雨量计、位移计、测斜仪、沉降仪、水位计、视频设备等），实现现场地质信息监测与获取、地质灾害数据管理与集成、地质灾害预测与防治决策的基于高精度 GNSS 的监测物联网系统，该系统可广泛应用于存在安全隐患的滑坡地质灾害监测、坝体变形监测、矿区地表沉降监测、尾矿坝变形崩塌监测、桥梁变形监测和建筑物变形监测等领域，可有效避免灾害事件发生，保障重要设施和人民生命财产安全。

5. 裂纹测量监测

混凝土、砌体剪力墙或混凝土力矩框架梁的裂缝可以通过多种方式进行监测。显然，重要的是要知道在受损建筑物中，裂缝是固定的宽度还是在继续扩大。常用的方法包括：

（1）在裂纹上以裂纹中心标记"X"，可观察到明显的横向运动变化。

（2）将折叠的纸张放入裂缝中或使用厚度计（".004 至 .025"）来测量特定位置。

（3）可以将胶黏剂或其他胶带粘在裂缝处，以测量裂缝的变化，但是灰尘可能会影响胶带粘附性（如果这是唯一可用的选择，需要做好清洁表面的准备）。

（4）可以将两根平行的棍子（标尺）用胶带固定在裂缝处，并在两条标尺上画一条垂直线（或者将两个标尺上的现有线对齐）。如果裂缝变宽，则原来的直线就会偏移。

（5）可以将塑料应变计放置在裂纹处，便可显示裂缝变化（用粘贴型环氧树脂安装）。

应该注意的是，如果建筑结构的温度发生显著变化，由于温度变化，裂缝会随之改变宽度。结构越大，变化越大。

二、大气环境危险监测

为了安全地进行救援活动，有必要对救援现场周围的气体进行监测，尤其是在狭窄场地进行救援活动时，更要进行这项工作。需要进行监测的主要内容如下：氧气、二氧化碳、氯、氨、天然气、煤气等易燃、易爆和有毒气体的浓度。必要时，应该使用通风和换气设备，对场地的空气进行置换。

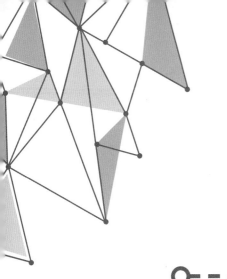

第五章

综合搜索行动

▌简介和概述

本章重点讲述了搜索分队如何在建筑坍塌事故现场组织实施搜索行动。

本章结束时，你能够具备在真实建筑坍塌事故现场组织和实施现场搜索行动的能力，包括：

◎ 组建岗位职能完备的搜索行动分队

◎ 制定搜索行动方案

◎ 组织分队运用综合搜索手段完成工作场地搜索

◎ 规范上报信息

◎ 规范绘制工作场地标识

本章讨论和实践的主题包括：

◎ 搜索行动队人员岗位设置

◎ 工作场地评估

◎ 搜索行动的标准程序

◎ 国际通用标记与信号系统

◎ 综合搜索行动实训演练

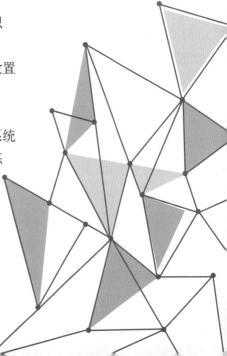

第一节 搜索行动队人员岗位设置

一支完整的搜索行动队通常应具备以下岗位。

搜索组长（1名）：全面负责现场搜索行动的组织协调工作，熟悉掌握信息通联规则和程序。

搜索专家（1名）：具备丰富的建筑坍塌搜索行动经验，对建筑结构、二次坍塌等风险具备识别能力，熟练掌握生命搜索定位技术及各类搜索装备的使用，熟悉掌握营救技术，能够针对所发现的受困者信息辅助营救组制定可行的营救方案。

搜索组员（5~8名）：熟练掌握生命搜索定位技术及各类搜索装备的使用，对二次坍塌、危化品等风险有识别能力，熟练使用侦检装备，具备承担安全员能力，了解个人防护知识。组员数量可适当扩充，但应注意局部区域内人员数量带来的二次坍塌风险。

安全员（1名）：通常由搜索组员轮岗承担，对工作环境内的风险持续识别。

结构工程师（0.5~1名）：具备各类建（构）筑物类型及倒塌模式，对建（构）筑物潜在的结构风险做出评估，确保搜索行动方案的可行性。通常可在两个临近工作场地的搜索组里共用一名结构工程师。

危化品专家（0.5~1名）：具备各类危化品识别能力，能够评估排除结构以外的风险，确保搜索行动方案的可行性。

医疗人员（1~2名）：负责搜索行动队员的医疗保障和发现受困者后的快速医疗处置与生命支持。

第二节 工作场地评估

一、评估程序

救援队进入工作场地前，应首先确定工作场地范围，并设置警示带。作业区警示带应按图 5-1(a) 方法设置。

救援队开展搜救行动前，应评估工作场地及相邻区域可能出现坍塌、坠落、危化品泄漏等危险的区域，并沿危险区边缘设置警示隔离带。危险区警示带应按图 5-1(b) 方法设置。

工作场地评估后，救援队应按 GB/T 29428.1 — 2012 填写工作场地评估表（附表 2）。

（a）作业区域　　　　　　　　（b）危险区域

图 5-1 工作场地的警示设置

二、评估方法

救援队进入工作场地前，应评估工作场地及相邻区域可能存在的危险因素。应采用下列方法：

（1）采用遥感技术、地理信息系统等手段，标注受损建（构）筑物及危险区域。

（2）向现场指挥部和当地居民询问工作场地及相邻区域信息。

三、评估内容

对工作场地及相邻区域可能存在危险因素评估的内容包括：

（1）受困人数和位置。

（2）受损建（构）筑物对施救的不利影响。

第三节　　搜索行动的标准程序

搜索组开展搜索行动时，应将人工搜索、犬搜索和仪器搜索等方式结合使用，顺序宜为人工、犬和仪器搜索。

（1）人工搜索一般先询问知情者，了解相关信息，再利用看、听、喊、敲等方法寻找受困者。

（2）犬搜索应采用多条犬进行确认。

（3）仪器搜索应根据现场环境选择声波／振动、光学、热成像、电磁波等探测仪器。

搜索组在确定受困者位置后应立即报告队长，填写搜索情况表（附表4），移交营救组实施救援。搜索组对搜索过的工作场地应做出标记。

第四节　　国际通用标记与信号系统

一、INSARAG 标记系统概述

好的标记系统应当具有简单易用、易于理解、节约资源、省时、传达信息高效、可持续应用等特点。另外，为了使不同救援队伍更高效地表达和传递关键信息，标记系统需要进行统一。本书选择 INSARAG 标记系统作为首选标准进行介绍。需要说明的是，INSARAG 鼓励各国将 INSARAG 标记系统作为国家标准，这将在发生需要国际队伍援助的危机时发挥很大作用。

INSARAG 标记系统由常规区域标记、建筑位置标记、警戒标记、作业场地标记、受困者标记、快速清理标记等类别的标记构成，这些标记的用途见表5-1。

表 5-1 INSARAG 标记用途表

序号	标记名称	标记用途
1	常规区域标记	用于绘制某个街道或区域的草图
2	建筑位置标记	用于标记人员或物体在建筑物的位置
3	警戒标记	用于救援人员标注作业区域与危险区域
4	作业场地标记	用于标注救援作业中的关键信息
5	受困者标记	用于标注受困者状态、位置与数量
6	快速清理标记	用于标记无受困者或仅有遇难者的场地

1. 常规区域标记

常规区域标记是一套用于绘制街道或区域草图的常规标记，仅限于表达街道、建筑物等重要标志性物体的名称、走向、相对位置等基本信息，救援队可利用自喷漆、建筑蜡笔、贴纸、防水卡片等工具，制作街道或区域草图。图 5-2 展示了一个使用常规区域标记制作的街道草图。

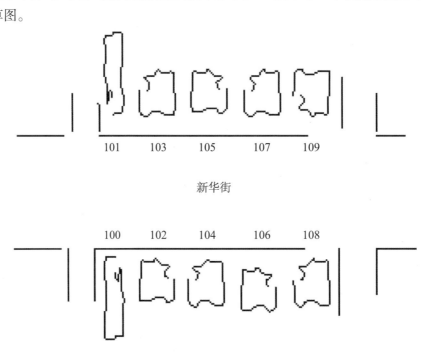

图 5-2 常规区域标记制作的街道草图

采用常规区域标记制作草图，应当注意以下事项：

（1）标记颜色应清晰可见并与背景颜色对比鲜明。

（2）常规区域标记可能包含：①街道名称、门牌号等地址信息；②地标或代号（如糖厂1号楼）；③如需对作业场地等指定区域进行单独标记，请使用作业场地标记。

（3）如果没有地图，需要绘制草图并提交给 OSOCC/LEMA。

（4）在绘制草图时，应尽可能地标出现有街道和楼号等信息。如果无法获得上述信息，应使用地标作为参考，并且在参与救援的各方中统一使用。

2. 建筑位置标记

在将受困人员在建筑物的位置信息传递给他人或报告给现场指挥部的时候，如果采用描述方法，需要较长时间进行，由于现场环境嘈杂，不同人员的理解可能出现偏差，就像大家玩过的"传话"游戏，一队人从头到尾传递一句话，最后一个人说的可能跟第一个人说的完全不同。这种情况如果在应急救援现场发生，将造成非常严重的后果。

为了避免上述情况的发生，INSARAG制定了一套用于表示人员或物体在建筑物位置的标记系统。这套标记系统能使位置信息的描述与传递具有更高的效率和准确性，需要注意的是，必须所有救援人员熟悉并使用同样的标记系统，否则其作用将消失。

INSARAG的建筑位置标记系统，包括建筑外部位置、建筑内部位置和建筑楼层三套标记。

（1）建筑外部位置标记：绝大多数建筑可以看成是一个长方体，对于这样的建筑，可以采用INSARAG建筑外部位置标记，其核心是用"1、2、3、4"四个阿拉伯数字来分别代表长方体建筑的四个外侧面，以建筑正门所在的那面为第1面（正面），从第1面开始，沿顺时针方向计数，将其他面分别记为第2面、第3面（背面）和第4面，如图5-3所示。

图5-3　建筑外部位置标记

（2）建筑内部位置标记：INSARAG建筑内部位置标记的核心，是将长方体建筑的内部分为"A、B、C、D、E"五个区域，具体划分方法如下：以建筑物中心为虚拟原点，以建筑正面方向为X轴，与此垂直方向为Y轴，形成虚拟坐标系，第1面、第2面与X轴、Y轴所围绕的区域为A象限，以此类推形成B、C、D象限。四个象限相交的中心区域定义为E象限，E象限适用于有中央大厅、电梯、楼梯间等结构的多层建筑，如图5-4所示。

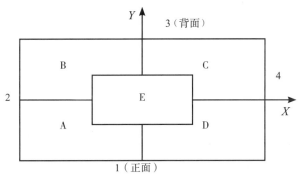

图5-4　建筑内部位置标记

（3）建筑楼层标记：多层建筑物的每一层必须有一个清晰的标记，如果不明显，则应对从表面可以看见的楼层进行编号。层序从"大厅层"开始，向上依次为第一层、第二层等；相反，"底层"以下依次为地下一层、地下二层等，如图5-5所示。

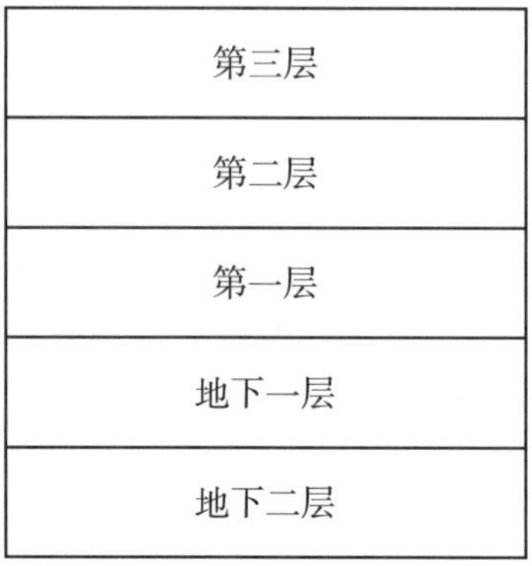

第三层
第二层
第一层
地下一层
地下二层

图 5-5 建筑楼层标记

3. 警戒标记

在建筑坍塌救援现场，当地警戒人员会拉出警戒线，区分公众能够停留的区域和只有救援人员才能进入的区域。在只有救援人员能够进入的区域，救援人员还需要进一步标记能够进行救援的作业区域和暂时不能进行救援的危险区域，为了让所有救援人员能够快速、准确地区分这些区域，INSARAG特别给出了警戒标记，用于标注作业区域和危险区域，如图5-1所示。

4. 作业场地标记

（1）作业场地标记的用途。

搜索与救援过程中的一些细节，如搜救程度、现场危险物种类等，也可以使用INSARAG作业场地标记传递给其他救援队，它是救援协调系统的重要组成部分。INSARAG现场作业标记格式规范、简单易懂、便于使用、国际通用，使用现场标记系统更易于区别和分辨救援作业场地中的不同区域。

经INSARAG评测认证过的城市搜救队伍，应使用该套标记对其评估过的建筑物进行标记。作业场地标记应清楚地在倒塌建筑物外部入口附近进行制作，以便更容易被看见。最后，所有的评估结果都应立即报告给OSOCC。

需要注意的是，INSARAG考虑到当地或本国可能有自己的作业场地标记系统，因此允许救援队在上述原则范围内，根据环境条件，自主选择使用现场标记，但应注意保持标记系统的统一、有效、可持续使用。INSARAG现场标记系统还可以作为当地或本国系统的一个补充，必要时可以修改，以便和当地系统一起使用。换句话来说，INSARAG标记系统并不是僵化、教条的系统。图5-6为已完成全部工作的作业场地标记系统示例。

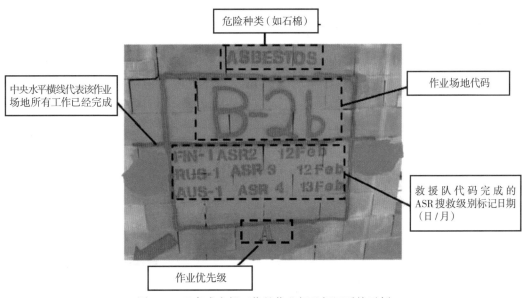

图 5-6　已完成全部工作的作业场地标记系统示例

（2）使用作业场地标记的注意事项。

作业场地标记的制作应在 ASR2 级分区初步评估工作的初期开始，并随着作业任务的推进不断叠加。此类标记应在作业场地的前方（尽可能靠前）或其主要入口处进行制作。在使用作业场地标记时，应注意：

①画一个 1.2 米 × 1.0 米的方框（近似即可）。

②可以画一个箭头指向工作场地的准确位置或其入口。

③方框内应标示：作业场地代码；救援队代码；完成的 ASR 搜救级别；标记日期。

④方框外应标示：任何需要注意的危险，如图 5-6 上方注明的 "ASBESTOS"；作业优先级如图 5-6 下方注明的 "A"。

⑤随着搜救工作级别（ASR 级别）的推进，不断更新救援队伍代码、完成的 ASR 搜救级别及日期。

⑥随时更新失踪人数、生还者人数和遇难者人数。

⑦救援队可使用以下材料制作标记：自喷漆、建筑蜡笔、贴纸、防水卡片等。

⑧作业场地代码应当用高度约为 40 厘米，且字体书写要清晰。

⑨救援队代码、ASR 级别和日期应小于作业场地代码，高度约为 10 厘米。

⑩标记颜色应清晰可见并与背景颜色对比鲜明。

⑪当作业场地的工作全部完成，不再需要进一步行动时，要在作业场地标记中央画一条水平线。

如果救援队认为需要在现场留下其他重要的信息，可用简明扼要的语言，在作业场地标记中加以表述。上述信息都在作业场地优先级分类表及作业场地报告中进行记录，并通过信息报送程序进行报送。

（3）作业场地标记持续叠加示例。

工作场地标记不断叠加，图5-7给出了一个仍在救援过程中的标记叠加示例。

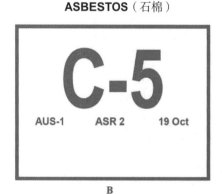

图 5-7　作业场地标记叠加示例

在图5-7（a）中，澳大利亚1队于10月19日完成C-5作业场地ASR2级初步分区评估，ASBESTOS（石棉）被确认为存在危险，优先级别为B。

在图5-7（b）中，在澳大利亚1队完成对C-5作业场地的区域评估后，土耳其2队被派遣至该区域开展搜救行动，并于10月19日完成ASR3级快速搜救工作。

图5-8给出了一个完成救援的作业场地标记示例。从这个标记示例可以看出，作业场地在标记右侧箭头所指方向，新加坡1队于10月19日完成了该场地的ASR2级初步评估和ASR3级快速搜救行动，并于10月20日完成了对该场地的ASR4级全面搜救行动。该区域已不需要进一步救援，所以新加坡1队在标记中央画了一条水平贯穿线。另外，从这个标记示例还可以看出，这个场地的危险是地下室的煤气泄漏，且行动优先级为B级。

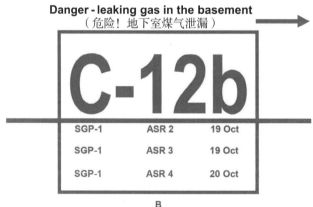

图 5-8　完成救援的作业场地标记

（4）作业场地标记实际应用示例。

上面给出的是制式的标记，现实中的作业场地标记不会如此规则，图5-9为作业场地标记的实际应用示例。

从图5-9（a）可以看出，芬兰1队于2月12日在B-2b作业场地完成了ASR2级初步评估行动，作业场地位于标记的左下角，作业场地的危险为 ASBESTOS（石棉），行动优先级为 E 级。

从图 5-9（b）可以看出，在芬兰 1 队于 2 月 12 日完成了作业场地 ASR2 级初步评估以后，俄罗斯 1 队被派遣到该作业场地，并于 2 月 12 日完成了 ASR3 级快速搜救行动。

从图 5-9（c）可以看出，澳大利亚 1 队于 2 月 13 日完成了该作业场地的 ASR4 级全面搜救行动，但还需要进一步救援。

图 5-9（d）与（c）基本一样，唯一的区别是标记中央被澳大利亚 1 队追加了一道横线，这一道横线表示该场地的救援工作已经结束，不需要后续救援了。

图 5-9　作业场地标记的实际应用示例

5. 受困者标记

（1）受困者标记的作用与必要性。

受困者标记被用于标注那些潜在或已知受困人员的受困位置，受困人员可能是存活着，也可能是已经遇难的。这些位置对救援人员来说有时会比较隐蔽（被废墟掩埋），因此需要使用醒目的标记。

（2）受困者标记的构造。

受困者标记的主体是一个大写的"V"字，代表 Victim（受困者）。围绕着"V"字可以用箭头指明受困者的方位。在"V"字的下面，用"L- 数字"表示存活的受困者人数，数字代表人数；用"D- 数字"表示遇难的受困者人数，数字代表人数，如图 5-10 所示。

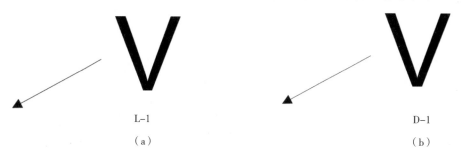

L-1

（a）

D-1

（b）

图 5-10　受困者标记

图 5-10（a）表示受困者在标记的左下方有一名幸存者；图 5-10（b）表示受困者在标记的左下方，有一人已经死亡。

（3）使用受困者标记的注意事项。

①在负责搜救的队伍无法留在现场继续救援时使用。

②在涉及多名受困者的现场，或者受困者位置不太明显，可能对后续搜救造成混淆时使用。

③在尽可能靠近受困人员的位置进行标记。

④救援队可使用以下材料制作标记：自喷漆、建筑蜡笔、贴纸、防水卡片等。

⑤"V"字的高度在 50 厘米左右。

⑥标记颜色应清晰可见并与背景颜色对比鲜明。

⑦救援行动结束后不再使用。

⑧不要标记在建筑物前方有作业场地代码的位置，除非那里有受困人员。

（4）受困者标记的持续叠加示例。

随着搜救行动的展开，受困者被救出后的信息会发生变化，受困者标记可能会不断叠加更新。表 5-2 为受困者标记连续叠加的示例。

表 5-2　受困者标记连续叠加示例

序号	受困者标记	标记释义
1	V	单独大写的"V"，表示这个地方有受困者，但方位不详，幸存或遇难情况不详
2	V	如果能确定受困者方位，用箭头注明

续表

序号	受困者标记	标记释义
3	V L–1 V D–1	如能确定受困者生存或死亡，可在"V"下方用"L"或"D"加以标注，并注明确认人数： ①用"L"表示已确认有幸存者，后接幸存者人数，如"L–1""L–2""L–3"等。 ②用"D"表示已确认有遇难者，后接遇难者人数，如"D–1""D–2""D–3"等
4	V L–2 D–1 L–1	在将受困人员解救（幸存者）或移出（遇难者）后，需及时更新"L"或"D"后面的数字。左边的示例表明，这个位置原来有两名受困的幸存者，其中一人已被救出，因此用斜线划去了原有的"L–2"标记，同时在最后追加了"L–1"标记，说明现在这里只有一名受困幸存者了
5	V L–1 D–1	当所有的"L"及"D"标记都被划去后，说明所有已知的受困人员（幸存者或遇难者）都已被救出或移出

6. 快速清理标记

（1）快速清理标记的作用与适用环境。

以上介绍的作业场地标记，一般仅用于还有幸存者的场地，对于已无受困者（包括幸存者和遇难者）或仅有遇难者的场地，为了节约时间，救援队通常不制作作业场地标记。这种策略可以使救援队的行动更迅速，资源投入更聚焦，协调更简化。

但是，某些情况下为无受困者或仅有遇难者的场地留下特殊标记，可以避免后续救援队开展重复的搜索工作，并为遇难者的解救提供引导，这对整体救援工作开展是有利的。

为了对已无受困者或仅有遇难者的场地进行标注，INSARAG 专门设计了一套快速清理标记，作为作业场地标记的补充。是否使用这套标记系统，要由城市搜救队伍经过慎重考虑后决定，也可由 LEMA/OSOCC/UCC 提出相关需求。

（2）快速清理标记的构成。

INSARAG 快速清理标记包括无受困者标记和仅有遇难者标记，用菱形框中加大写字母"C"或"D"的方式进行标注，无受困者情况用大写字母"C"代表，仅有遇难者情况用大写字母"D"代表，如图 5-11 所示。

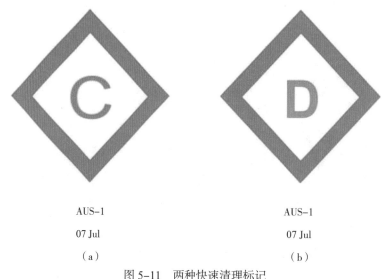

AUS-1

07 Jul

（a）

AUS-1

07 Jul

（b）

图 5-11　两种快速清理标记

图 5-11（a）中的"C"表示，该位置已完成了相当于 ASR5 完全搜救级别的搜救行动，该处没有受困人员，或所有受困的幸存者都已得到解救，所有受困的遇难者都已得到移出。该标记由澳大利亚 1 队于 7 月 7 日标注。

图 5-11（b）中的"D"表示，该位置已完成了相当于 ASR4 全面搜救级别的搜救行动，该位置已无幸存的受困者，但还有遇难者。该标记也是由澳大利亚 1 队于 7 月 7 日标注。

（3）使用快速清理标记的注意事项。

①救援队或协调机构（LEMA/OSOCC/UCC 等）必须就是否应用该级别的标记做出决定。

②只有针对能够全面快速搜救或有充分证据表明无生还可能的作业场地，才可以使用快速清理标记。

③快速清理标记有两种：已无受困者（"C"）和只有遇难者（"D"）。

④快速清理标记可用于能够进行快速搜救，或有充分证据表明无生还可能的建筑物上。

⑤快速清理标记也可用于非建筑区域（如汽车、物体、附属建筑物、瓦砾堆等），要求上述区域已遵循上述标准完成了搜救。

⑥快速清理标记应当制作在物品或场地中最明显或最合理的地方，以提供最明显的视觉效果。

⑦用大写的"C"加菱形框表示已无受困者，或用大写的"D"加菱形框表示只有遇难者。其下方标注救援队代码、日期。

⑧救援队可使用以下材料制作标记：自喷漆、建筑蜡笔、贴纸、防水卡片等。

⑨"C"或"D"记号的大小：约 20 厘米 × 20 厘米。

⑩标记颜色应当明亮且与背景颜色对比鲜明。

（4）快速清理标记的应用示例。

表 5-3 汇总了部分使用快速清理标记的应用示例。

表 5-3　快速清理标记的应用示例

序号	快速清理标记	标记释义
1		在汽车上标注的快速清理标记"C"，表明该汽车已完成 ASR5 级完全搜救行动，已无受困者。标记前的搜救工作由澳大利亚 1 队于 10 月 19 日完成
2		在废墟堆中标注的快速清理标记"C"，表明该区域已完成 ASR5 级完全搜救行动，已无受困者。区域边缘通常用颜料或其他方式标明。标记前的搜救工作由澳大利亚 1 队于 10 月 19 日完成
3		在汽车上标注的快速清理标记"D"，表明该汽车已完成 ASR4 级全面搜救行动，汽车内还有遇难者，但已无幸存者。标记前的搜救工作由澳大利亚救援 1 队于 10 月 19 日完成
4		在废墟堆中标注的快速清理标记"D"，表明该区域已完成 ASR4 级全面搜救行动，还有遇难者，但已无幸存者。区域边缘通常用颜料或其他方式标明。标记前的搜救工作由澳大利亚 1 队于 10 月 19 日完成

二、INSARAG 紧急信号系统

有效的沟通是安全开展现场行动的基础，特别是在涉及多个机构的情况下，对存在语言和文化差异的国际环境尤为重要。有效的紧急信号对灾害现场安全执行任务非常重要。采用统一的紧急信号系统，可以确保所有现场作业人员知悉如何及时准确响应紧急信号，从而保证救援人员更加安全有效地开展救援行动。

关于紧急信号系统，需要注意以下事项：

（1）所有的城市搜救队员必须熟悉各种紧急信号。

（2）紧急信号必须对所有城市搜救队通用。

（3）当多支救援队在同一工作场地行动时，所有参与人员必须对紧急信号达成共识。

（4）信号必须简洁清楚。

（5）队员必须能够对所有紧急信号做出快速反应。

（6）汽笛或其他适当的发声装置必须按 INSARAG 紧急信号的规则发出声音信号，以便快速正确使用，如图 5-12 所示。

A. 撤离（3声短哨，每次1秒，略做停顿，重复至撤离完毕）

B. 暂停行动，保持安静（1声长哨，持续3秒）

C. 恢复行动（1长1短，长哨3秒，短哨1秒）

图 5-12　INSARAG 紧急信号的规则

第五节　综合搜索行动实训演练

综合搜索行动实训演练包括：

（1）组建岗位职能完备的搜索行动分队。

（2）评估工作场地制定搜索行动方案（包括装备需求清单）。

（3）组织分队运用综合搜索手段完成工作场地搜索。

（4）规范上报信息。

（5）规范绘制工作场地标识。

（6）余震及二次倒塌风险的应对。

（7）其他不定因素模拟（如浅层压埋受困者的快速施救、受困者家属极端行为应对等）。

第六章

现场伤员救助与转运综合应用

▌简介和概述

本章重点讲述了建筑物坍塌救援的医疗特点。本章仅对营救人员在建筑物坍塌现场必须掌握的医疗知识和方法进行概要介绍。

本章结束时，你能够在建筑物坍塌受困人员救援行动中具备基本现场医疗急救的能力，包括：

◎　如何进行检伤分类

◎　伤员救助与转运综合应用

本章讨论和实践的主题包括：

◎　建筑物坍塌救援的医疗特点

◎　检伤分类

◎　伤员救助与转运综合应用

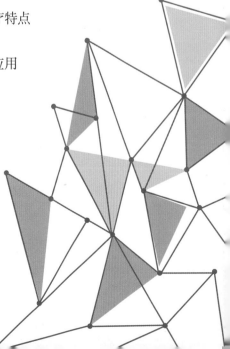

第一节　建筑物坍塌救援的医疗特点

建筑物坍塌救援急救与平时院前急救工作相比有许多特点，这些特点给建筑物坍塌的现场急救带来了许多困难和问题，对建筑物坍塌救援医疗急救提出了更高的要求。只有重视医疗急救的特点，并根据这些特点去工作，才能顺利地完成现场急救任务，我们从以下四个方面介绍建筑物坍塌救援的医疗特点。

一、应激性

需要医疗急救的灾害往往是突发性灾害，这就决定了灾害事故的现场抢救具有高度的应激性。每个从事灾害医疗急救的单位要时刻做好灾害医疗急救的准备，一旦有灾害发生，即可根据灾害的种类、受损害人群的数量、上级的要求和本单位的灾害应急预案，迅速组织现场抢救资源，赶赴灾区进行救援医疗。

二、综合性

建筑物坍塌发生后，根据建筑物坍塌的性质和特点，到达现场救援的不仅有医务人员，而且还可能有军队、武警、公安、消防、工程技术和其他各类人员。到达现场的车辆和救援物资的种类多且数量大，为了保证现场实现快速、高效的指挥，使抢救有条不紊地进行，各种车辆和物质要分类、分地区进行存放。各级、各类人员要有不同的着装和标记，使指挥者能通过着装和标记来识别，以便按各自的特点进行分工和调配。

三、群众性

建筑物坍塌后，当地的群众会自发参加救援工作。群众的救援有以下几个特点：

1. 数量大

当建筑物坍塌发生后，大量的群众会自动聚集到建筑物坍塌的发生地，解救受到建筑物坍塌损害的人员。这种自发的群众性的救援活动表现了人们的同情心和人道主义精神，应给予支持和正确引导。

2. 没有救援专业技能

自发参加救援的群众不仅数量大，而且大多数没有经过专业训练。有时会因抢救或搬运方式不当而加重被困人员的病情或产生新的损伤。

3. 缺乏有效的组织和统一的指挥

在专业救援人员未到达现场时，自发救援的群众往往没有合理的指挥，救援现场有可能出现混乱现象。因此，在制定预案时要考虑到大型灾害时群众参与救援的情况，要有专门的人员对自主参加救援的群众进行组织和指挥，使参与的群众能发挥更大的作用。

四、特殊性

建筑物坍塌救援医疗的特殊性是针对伤病员所体现的几种特点。

1. 数量大

建筑物坍塌发生往往会有大量的伤病员，少则几十人，多则成千上万。要完成大量伤病员的现场急救和转送任务，需要大量的现场急救资源，容易导致现场急救资源紧张或短缺。

2. 病种多

每一种坍塌事故对人的伤害程度都不一样，对急救的药品、器械和设备需求也有所不同。例如，地震时对人的损伤可以是一处，也可以是多处。在特殊的情况下，还可能出现一些特殊的病征，如挤压综合征、烧伤等。

3. 环境差

坍塌现场急救与平时现场急救工作相比，最明显的不同就是救治条件和环境差。灾害可以破坏公共设施，使抢救现场无电、无水；灾害可以破坏道路，增加伤病员的转送难度；灾害现场远离医院，药品、器械供应不足，增加了伤病员救治的难度。

第二节　检伤分类

一、检伤分类的目的

检伤分类的目的是合理利用现场有限的人力物力，对大量伤病员进行快速有效的检伤、分类、处置，确定哪些有生命危险应优先获得救治，哪些可暂不救治，哪些即使立即救治也无法挽回其生命而不得不暂缓救治，从而最大限度地提高生存率，尽可能地减轻伤残程度，并安全、及时地将患者转运至有条件的医院进一步治疗。

二、分类原则

1. 危重患者——第一优先

有危及生命的严重创伤，但经及时治疗能够获救，应立即标示红标，优先给予护理及转运。现场先简单处理致命伤、控制大出血、支持呼吸等，并尽快送院。如气道阻塞、活动性大出血及休克、开放性胸腹部创伤、进行性昏迷、颈椎损伤、超过50%的Ⅱ°～Ⅲ°烧烫伤等。

2. 重症患者——第二优先

有严重损伤，但经急救处理后生命体征或伤情暂时稳定，可在现场短暂等候而不危及生命或导致肢体残缺，应标示黄标，给予次优先转运。如不伴意识障碍的头部创伤、不伴呼吸衰竭的胸部外伤、除颈椎外的脊柱损伤等。

3. 轻症患者——第三优先

可自行行走无严重损伤，其损伤可适当延迟转运和治疗，应标示绿标，将伤者先引导到轻伤接收站。如软组织挫伤、轻度烧伤等。

4. 死亡或濒死者——第四优先

已死亡或无法挽救的致命性创伤造成的濒死状态。如呼吸、心跳已停止，且超过 12 分钟未给予心肺复苏救治，或因头、胸、腹严重外伤而无法实施心肺复苏救治者，应标示黑标，停放在特定区域。

三、如何标识

标签一定要放置在伤病员身体明显部位，以清楚明白地告知现场的救护人员，避免因现场忙乱，伤病员较多以及在抢救人员及装备不足等情况下，遗漏了对危重的"第一优先"伤病员的积极抢救；或者将有限的医疗资源抢救力量用在并非急迫需要抢救的伤病员身上，而真正的急需者得不到优先抢救。

标签通常放置在伤病者的衣服、手腕等醒目处，必要时还应记载重要信息。同时，对神志清醒的伤病员，救护人员还应嘱咐其注意事项，以使伤病员必要时据此提醒救护人员及交接后接收的医疗机构人员。

四、检伤方法

检伤分类需要遵循一定的方法流程，通过这些方法可以方便急救人员较为快速准确地判断伤员的伤情。常用的方法有五步检伤法和简明检伤分类法，简明检伤分类法由于其方便快捷、简明易懂的特点，适用于灾难现场短时间内大批伤员的初步检伤，被多个国家和地区采用。通常分为以下四步：

1. 第一步：行动检查

（1）行动自如（能走）的伤病员为轻伤患者，标示绿色。

（2）不能行走的患者检查第二步。

2. 第二步：呼吸检查

（1）无呼吸者，开放气道，打开气道两次仍然没有呼吸，标示黑色。

（2）打开气道恢复呼吸，标示红色。

（3）本身有呼吸，检查呼吸频率大于 30 次 / 分的伤病员为危重患者，标示红色。

（4）呼吸频率小于 30 次 / 分，检查第三步。

3. 第三步：循环检查

（1）甲床再充盈实验大于 2 秒或不可触及桡动脉，标示红色并控制出血。

（2）甲床再充盈实验小于 2 秒或能触及桡动脉的，检查第四步。

4. 第四步：清醒程度

（1）不能遵循简单指令，标示红色。

（2）能够遵循简单指令，标示黄色。

五、灾难现场的应用

在进入灾难现场前对现场的潜在危险，要不断进行评估，个人防护装备在任何时候都必须佩戴好。灾难现场松动的砖头、裸露的电线头、水电气管道、残破的地板、裂缝和孔洞、松动的护栏、油料、噪声、温度、危险的建筑结构、危险的化学品、湿滑的地面等都存在潜在危险,佩戴好个人防护装备可避免来自现场的大部分危险,以下是标准的个人防护装备:头盔、安全靴、手套、安全护目镜、长袖衣服、哨子、头灯、手电筒、护膝、护肘、小刀、听力防护耳塞、防尘口罩、个人急救包等。要记住,在现场,安全永远是第一位的,任何时候绝不能单独行动。

第三节　伤员救助与转运综合应用

一、担架的种类

担架转运是最为常用的转运方式,特别对转运路途长、病情重的伤病人员尤为适合。

1. 篮式担架

它的造型与其名称相似,又像一艘"小船",也叫船型担架。图 6-1 的担架是由高密度聚乙烯纤维制成的,四周有"护栏",坚固耐磨,保护周全。适用于在废墟、高空救援等场合下转运伤员,它有可调节的脚部安全装置、安全带和舒适的床垫,舒适感比较强。只需将伤员放入担架扣牢安全带即可转移。但因体积较大,不适合在狭小空间中使用。

2. 铲式担架

采用高强度优质花纹铝合金板制成,适合转送骨折及重伤员,两端设有离合装置,使担架分离成左右两部分,如图 6-2 所示。担架长度根据伤员身长可做调节,担架一端(脚部)采用框架结构,全铝合金制成,主要适用于医院、救援场地运送伤员。铲式担架可在原地固定伤员,在不移动伤员的情况下,迅速将伤员铲入或从伤员身下抽出担架,减少对伤员的二次伤害。铲式担架中间部位空间大,运送伤员时对其背部保护不周全,而且因是铝合金制成,气温会影响到材质的表面温度。

3. 脊柱板担架

专为脊椎受伤的人员使用,采用高密度聚乙烯外壳,能够 100% 穿透 X 射线;采用一体式无缝连接,对伤员的背部保护周全,并配备有头部固定装置,如图 6-3 所示。因材质较硬,舒适感较差。

4. 卷式担架

体积小,重量轻,容易收藏,携带方便,适用于在有限或狭小空间、高空作业及复杂环境下使用,如图 6-4 所示。卷式担架可以拖拽,因此能实现单人转运伤员,但受限于对伤员的检测和治疗。

5. 折叠担架

体积小,重量轻,容易收藏,携带方便,布质或尼龙面料,如图 6-5 所示。伤员躺在上面很舒适,但对伤员背部保护少,容易被尖锐物体刺穿,也不可以用于高空救援,适合在相对平坦的环境中运送伤员。

图 6-1　篮式担架

图 6-2　铲式担架

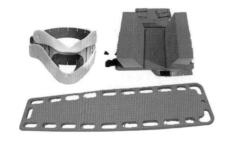

图 6-3　脊柱板担架

图 6-4　卷式担架

图 6-5　折叠担架

二、担架转运的方法

由 3～4 人合成一组，将伤员移上担架，伤员头部向后，足部向前，抬担架的人脚步、行动要一致，平稳前行。往低处抬（下坡或下楼）时，前面的人要抬高，后面的人要放低；往高处抬（上楼或上坡）时则相反，要使伤员始终保持在水平位置。在后面抬担架的人要时刻注意观察伤员的表现。由于伤员的头部重量重于足部，所以力气小的人尽量由两人一组举抬头部一侧，以免发生意外。

三、搬运伤员的正确姿势与技巧

根据伤员的伤情、体重；现场环境、条件；救护者数量、体力以及搬运距离等做出评估，选择适当的搬运方法。人员无法搬动时不要贸然尝试，更不要用屏住呼吸的方法猛然用力。所有救护者须事先沟通，明白具体步骤，由一人指挥，集体协同。脚步站稳，双手抓牢，防止跌倒及伤员滑落。救护者从地上搬起伤员时，应尽量靠近伤员，头、颈、腰、背部挺直下蹲，用大腿的力量站起，避免弯腰，防止腰背部扭伤。

四、搬运与转移伤员的注意事项

移动伤员时，首先应检查伤员的头、颈、胸、腹和四肢是否有损伤；如有条件，应先在现场做急救处理后，再根据具体情况选择适当的搬运方法。怀疑有骨折尤其是脊柱骨折时，不应让伤员试行走或使伤员身体弯曲，以免加重损伤。脊柱骨折伤员特别要保持脊柱轴位，防止脊髓损伤。转运要用硬担架，并保持颈部及身体的固定，不能用帆布等软担架搬运。用担架搬运时，伤员与担架必须固定在一起以防途中跌落。一般头应略高于脚，但休克的伤员则应脚略高于头。行进时保持伤员头在后，以便观察伤员情况。救护者抬担架时步调要一致，上下台阶时要保持担架平稳。用汽车运送时，伤员与担架以及担架与汽车之间必须固定，防止汽车启动或刹车导致损伤加重。转运途中应密切观察伤员的神志、呼吸、脉搏以及出血等伤情的变化，遇紧急情况须立即处理。

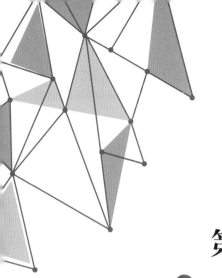

第七章

支撑救援行动

▋简介和概述

  本章重点讲述了在建筑坍塌灾害事故现场如何开展支撑救援行动。

  本章结束时，你能够在建筑坍塌灾害事故现场，组织开展支撑救援行动，完成对工作场地整体支撑加固结构安全保障，包括：

- ◎ 分析研判作业面临的结构风险
- ◎ 组织分队综合运用支撑技术，降低结构二次倒塌风险
- ◎ 制定支撑行动方案

本章讨论和实践的主题包括：

- ◎ 支撑组联合作业理论
- ◎ 支撑结构尺寸的计算
- ◎ 支撑技术综合应用

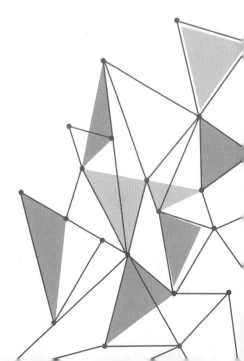

第一节 支撑组联合作业理论

一、支撑组联合制定现场营救实施方案

1. 划分工作区域

救援队应根据搜索信息和评估情况划分工作区域。设置好装备存放区、疏散集结区和医疗处置区。装备要按照种类分开存放，便于取用。

2. 创建安全通道

通道大小要满足将被困人员移出的条件。通常包括以下两种方法：

（1）当营救被建筑物压埋的人员时，按照清理移除、支撑、顶撑、破拆障碍物的顺序创建安全通道。

（2）当营救高处建筑物或地下被困人员时，宜运用机械、绳索救援系统创建安全通道。

3. 原地救治被困人员

医疗人员全程参与被困人员的救援，持续对被困人员进行心理支持和医疗救护。在救援通道打通后，医疗人员应当进入检查被困人员的伤情，对有肢体挤压的被困人员进行相应处理防止挤压综合征。人员转移之前，医疗人员要遮挡被困人员的眼睛并做相应部位的固定和保护，营救人员做好转运移交的准备。

4. 解救并转运被困人员

医疗人员在完成现场救治后，经医生评估被困人员达到转运条件时，可由营救人员移出，立即转移至医疗处置区并做进一步处理。

二、支撑加固队的组成和功能

1. 支撑组

（1）负责人：负责任务的执行，可和结构专家一起工作，并决定在什么位置建立支撑。如果没有指定安全负责人，可同时担任这个职务。

（2）测量人员：测量支撑系统的所有组件，并把这些数据报告给制备组的设计人员。

（3）两个支撑人员：清理障碍物，帮助测量，对支撑构件组装、检查并实施支撑。

（4）安全员：负责整个支撑队的所有安全事项。

（5）运输人员：确保工具、设备和支撑材料从支撑的加工地点运到现场，并帮助支撑人员支撑。

2. 制备组

（1）负责人：负责选择切割地点，该地点应靠近支撑的装配地点，考虑到安全要有两个切割负责人。

（2）设计人员：搭建切割场地，准备材料并记录测量数据，负责所有的测量和角度

的设计，并与支撑组保持直接联系以保证设计的正确性。

（3）送料人员：把已测量并标记过的支撑材料从设计人员处送到切割处，并保证切割材料的安全。

（4）切割人员：画线与切割设计过的材料。

（5）工具和设备人员：指导材料和设备的安放与转移，并负责所有工具的正确使用。支撑组和制备组都需要安排一个这样的人员。

（6）运输人员：确保工具设备和支撑材料从切割地点运送到支撑装配地点。

第二节　支撑结构的计算

一、支撑结构尺寸计算

1. 了解支撑的结构（初级班）

2. 了解其他荷载及相关材料的密度与尺寸，了解计算的方式

荷载计算用材料密度参数参考值

材料类别	单位（千克/立方米）	材料类别	单位（千克/立方米）
混凝土或者砖石瓦砾	2000	加固混凝土	2400
泥土	2000	砂岩	2600
花岗岩	2700	板岩	1500
石灰岩	2300	钢铁	7850
砖石	2000	木材	560
土坯	1750	/	/

荷载计算用参考重量值

材料比重	单位（千克/平方米）	材料比重	单位（千克/平方米）
加固混凝土	2.4（每毫米厚度）	立柱墙	50~75（每面墙）
钢筋混凝土楼板	250~350	家具	50（每块楼板）
木质楼板	50~125	救援者	50~100
废墟	2（每毫米厚度）	/	/

下表为一个 6 人组支撑救援队所使用的数据，队伍成员曾合作过且经过建筑物支撑专业技能训练。表中假设救援所需的工具、木材、装备以及切割台均已准备就位。

预制支撑安放在相对开放的区域的时间

支撑类型	预制时间	安装时间
T 型支撑	5~8 分钟	60 秒
双 T 型支撑	8~10 分钟	90 秒
双立柱垂直支撑	8~10 分钟	90 秒
3 立柱垂直支撑	无	视现场而定
缀合柱支撑或者胶合板	10~12 分钟	12~15 分钟

二、支撑的高度及承载力计算

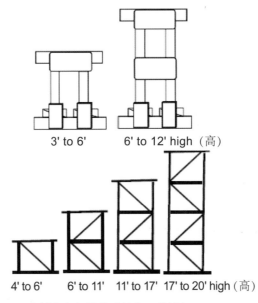

3' to 6'　　6' to 12' high（高）

4' to 6'　　6' to 11'　　11' to 17'　17' to 20' high（高）

支撑高度与结构（单位：英尺）

4×4 立柱设计载荷

高度 =8 英尺（1 英尺 ≈ 0.3 米），每根立柱 8000 磅（1 磅 ≈ 0.45 千克）

高度 =10 英尺，每根立柱 5000 磅

高度 =12 英尺，每根立柱 3500 磅

6×6 立柱的设计载荷

高度 =12 英尺，每根立柱 20000 磅

高度 =16 英尺， 每根立柱 12000 磅

高度 =20 英尺，每根立柱 7500 磅

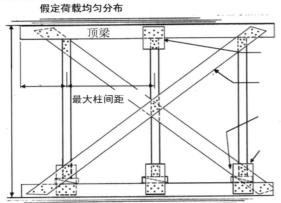

假定荷载均匀分布

顶梁

最大柱间距

3/4胶合板的角撑板，内部所有的柱在末端最小（角撑板一侧）。梁8~8d，柱6~8d（可采用2×4/6夹板）

2×6斜撑在柱子两侧，每端5~16d或每中间柱5~16d

全长度楔子（一对楔子需要塞满或宽松或不紧）

支撑是对齐的，要钉到支柱和底部

4×4 支柱系统、4×8 顶梁/地板

长度	柱间距	悬垂	每部分容量
8-0	4-0	2-0	8000磅
10-0	5-0	2-6	5000磅
12-0	6-0	3-0	3500磅

6×6 支柱系统、6×12 顶梁/地板

长度	柱间距	悬垂	每部分容量
12-0	4-0	2-0	20000磅
16-0	5-0	2-6	12000磅
20-0	6-0	3-0	7500磅

基本假设：（受660横压承载力限制）
所示配置为最大柱间距，使底部承载力与柱承载力匹配。
支柱间距可能比显示的更接近于增加系统容量
如果顶部/底部减少，每根支柱的容量应与顶部的减少量成一定比例（将6×12改为6×6，容量为1/2）

本文给出的木支撑的数值都有一个近似值，安全系数为2:1。应该选择较细材料作为优质材料（最小为每英寸8圈，细粒不倾斜，并且有1.5英寸或更小的紧密结）

垂直支撑的数据分析

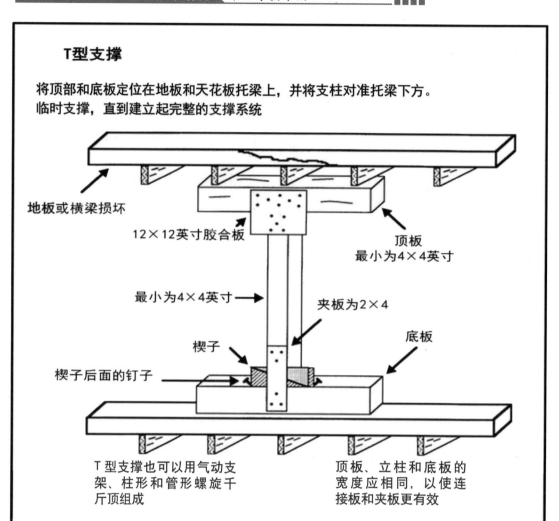

T型支撑

将顶部和底板定位在地板和天花板托梁上，并将支柱对准托梁下方。临时支撑，直到建立起完整的支撑系统

地板或横梁损坏

12×12英寸胶合板

顶板
最小为4×4英寸

最小为4×4英寸

夹板为2×4

楔子

底板

楔子后面的钉子

T型支撑也可以用气动支架、柱形和管形螺旋千斤顶组成

顶板、立柱和底板的宽度应相同，以使连接板和夹板更有效

T型支撑的结构

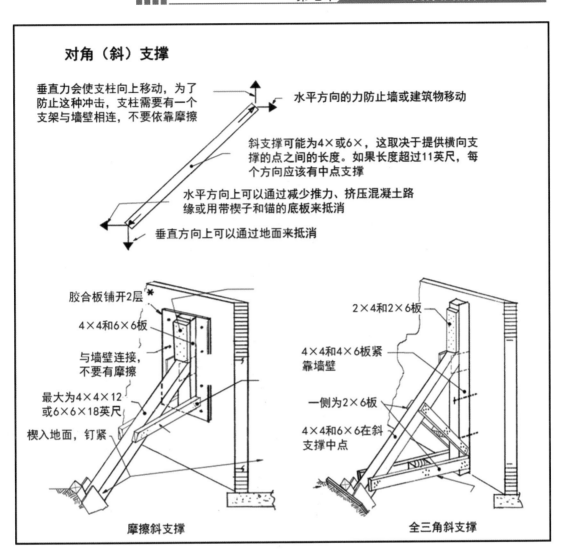

对角（斜）支撑

垂直力会使支柱向上移动，为了防止这种冲击，支柱需要有一个支架与墙壁相连，不要依靠摩擦

水平方向的力防止墙或建筑物移动

斜支撑可能为4×或6×，这取决于提供横向支撑的点之间的长度。如果长度超过11英尺，每个方向应该有中点支撑

水平方向上可以通过减少推力、挤压混凝土路缘或用带楔子和锚的底板来抵消

垂直方向上可以通过地面来抵消

胶合板铺开2层※

4×4和6×6板

与墙壁连接，不要有摩擦

最大为4×4×12或6×6×18英尺

楔入地面，钉紧

摩擦斜支撑

2×4和2×6板

4×4和4×6板紧靠墙壁

一侧为2×6板

4×4和6×6在斜支撑中点

全三角斜支撑

对角（斜）支撑

斜撑建议木料尺寸

最高：4.5 米　　6.0 米　　7.5 米

支柱：100 × 100 毫米　　　125 × 125 毫米　　　150 × 150 毫米

墙板：250 × 75 毫米　　　250 × 75 毫米　　　250 × 75 毫米

底板：250 × 75 毫米　　　250 × 75 毫米　　　250 × 75 毫米

抒杆：100 × 50 毫米　　　100 × 50 毫米　　　150 × 100 毫米

第三节　支撑技术综合应用

【示例1】请描述及叙述以下支撑类型，并简述支撑组的分组及预先制定行动方案及小队分队。

（1）如果你是支撑组组长，需要知道的基础数据和环境是哪些，应该注意哪些基本安全守则？

（2）制作以下支撑的预估时间是多少？

（3）如果在制作支撑时发生余震，将如何保证队员的基本安全？

（4）装备总量是多少？

（5）如何选择运输路径？

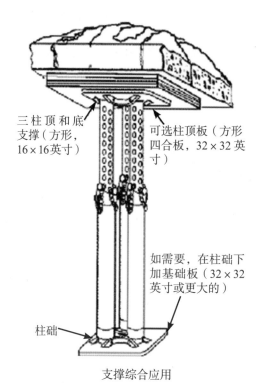

三柱顶和底
支撑（方形，
16×16英寸）

可选柱顶板（方形
四合板，32×32英
寸）

如需要，在柱础下
加基础板（32×32
英寸或更大的）

柱础

支撑综合应用

撑杆支撑

【示例2】参照下图，请在几分钟内作答：

（1）如果你是制备组组长，应选择何位置进行制备？

（2）应掌握哪些基本数据？

（3）假如没有足够的木料，现场小队应有哪些选择？

（4）在制备时，将如何保证队员的基本安全？

木质支撑的实际应用

第八章

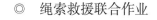

绳索救援行动

▊ 简介和概述

本章重点讲述了你能在建筑坍塌灾害事故现场，如何组织开展综合绳索救援行动。

本章结束时，你能掌握如何在建筑坍塌灾害事故现场组织开展综合绳索救援行动，包括：

◎ 利用绳索系统完成受困者转运

◎ 优化绳索装备系统和人员配置

◎ 掌握建筑坍塌环境中的绳索技术综合运用

本章讨论和实践的主题包括：

◎ 绳索救援联合作业

◎ 无架桥担架系统的使用和操作

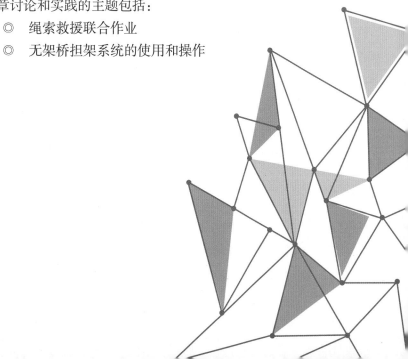

第一节 绳索救援联合作业

一、绳索救援程序

评估现场：环境、危险因素。

制定方案：安全、高效、简单。

人员分工：绳索救援组长、系统架设员、安全评估员、攻击手。

现场控制：警示带、车辆、围观群众、移除或降低风险、确认边界、现场安全简介。

营救行动：保留一个 B 计划，不要等 A 计划失败后再重新制定 B 计划。

行动完成：安全评估员最后一个离开现场。

二、绳索组人员分配

绳索救援组长：主要负责指挥整个救援行动，配备有哨子及对讲机。

系统架设员：主要进行确保及在较为安全的平台上进行绳索系统的架设工作，也负责前期运送装备。在绳索系统运作时常常实时操作保护及其他装备。

安全评估员：实时评估绳索系统并随时保证各环节没有安全隐患。

攻击手：提前准备个人装备并准备与被困者进行接触，对被困者进行施救。

绳索救援的安全优先顺位：

①自己；②团队；③旁观人员；④被救者。

1. 绳索救援组长指挥守则

（1）当攻击手对被困者进行解救及运送时，组长利用哨音对攻击手和操作人员进行指挥。

（2）架设绳索系统前说清楚绳索系统的用途。

（3）确保每一个被选择的锚点处于二次坍塌发生时较为安全的位置。

（4）如绳索系统包含高点和低点，那么两个点的平台或操作平台上都需要一名人员时刻向组长汇报情况。

（5）作业组长一般只负责指挥，不进行操作。

（6）确保自身的能见度，确保能看到尽量多的人员及操作。

（7）有时需配备望远镜，可能的情况下配备笔记本或小型黑板。

组长对操作现场的管理包括风险的评估、整理现场、装备的管理、工作区域管理。

2. 系统架设员操作守则

（1）应提前预估好系统需要的装备并运送。

（2）在操作系统时可分为确保操作者及系统操作者，以及分力、倍力系统操作者等。

（3）应各司其职，并眼观八方。

（4）遇到危险情况保持镇定并第一时间汇报。

（5）操作时应尽量轻平缓。

锚点需考量因素：

（1）架设用途及强度。

（2）架设位置与力的方向。

（3）位置与数量的关系。

（4）架设与系统。

（5）尽量使用编制类架设。

（6）较小的内角夹角。

绳索保护设置：

（1）绳索路径。

（2）判断尖锐的位置。

（3）寻找摩擦点。

（4）受力状态是否会改变。

3. 安全评估员守则

（1）一般不进行系统操作。

（2）除了确保自身安全，还需确保周围队员、群众、记者等人的安全。

（3）安全员要记录。

（4）应与组长互相配合。

（5）应负责劝退无关人等。

（6）应随时预估计算系统张力及负荷、角度等数据。

4. 攻击手操作守则

（1）应时刻注意被困者的生命状况并向组长汇报。

（2）解救并运送被困者时应尽量快速并平稳。

（3）可能随时需要进行一些简单的医疗急救处置。

（4）需安抚被困者情绪。

（5）在操作时应有自己的判断力并随时叫停行动保证安全。

第二节　担架系统的使用和操作

一、无架桥担架系统的使用和操作（图 8-1）

（1）正确选择保护装备。

（2）正确计算荷载。

（3）保证担架在离开地面或楼层时保持平衡。

（4）当编织器材穿过或接触担架时，确保担架的边缘不会割伤编织器材。

（5）可以使用长尾腰节将确保绳与担架连接。

（6）可使用双八字结将主绳索连接至担架系统。

（7）担架系统包含了足够的分力板和主锁。

（8）一个保护器经过保护绳尾端与攻击手连接。

（9）可变动系统（阿兹塔克）可与圈型绳索连接。

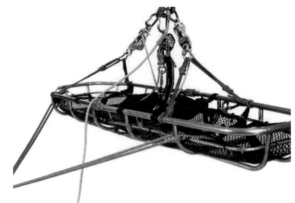

图 8-1　无架桥担架系统

二、担架与绳索架桥系统安装和操作（图 8-2）

（1）正确选择装备，确保滑轮装备与绳索直径相配。

（2）提前预估并计算荷载，确保荷载和角度不会导致安全隐患。

（3）与不会割伤及可能割伤编织物的装备和锚点要有效区分。

（4）使用长尾腰节（尾约 2 米）制作确保绳，并使攻击手与其尾部连接。

（5）保证担架在离开地面或楼层时保持平衡。

（6）可变动系统（阿兹塔克）可与圈型绳索连接。

（7）一个保护器经过保护绳尾端与攻击手连接。

（8）在有绳桥系统下，需特别注意绳桥的松紧度。

（9）主绳及确保绳不要交叉，运送担架时，不要受到太大的偏移力。

（10）绳索桥为双绳索系统时，需确保两绳索一样质量、一样强度、一样长度，推荐不一样的颜色。

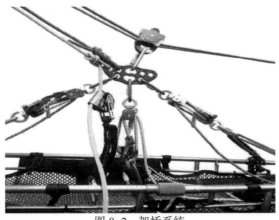

图 8-2　架桥系统

三、复杂绳索救援系统运送原则

1. 绳桥绳索系统运送原则（图 8-3）

（1）确保绳桥系统的绳桥与坠落线保持最大夹角为 60°。

（2）绳桥绳索的张力必须很大。

（3）两条绳桥的锚点必须不一致。

（4）确保绳及主绳的锚点必须不一致。

（5）上平台和下方平台必须每端有超过 2 位系统操作手。

（6）即将与空中的障碍物接触时，可以加大绳桥的力量，使担架系统抬升，攻击手也可收紧部分弹性系统将担架抬高，经过障碍物后再少量下放。

（7）当开始运送或者运送到达时可能会产生"钟摆效应"，此时应使用担架辅助牵引。

图 8-3　绳桥系统运送

2. 无绳桥系统运送原则（图 8-4）

（1）该系统实际的下降线可能与预估有很大差别（取决于装备、人员情况、担架运送技术）。

（2）运送人员担架时保持整个系统不要产生晃动。

（3）运用牵引绳，造成反拉力改变担架运送线。

（4）下放中保证工作角度不要变换过大。

（5）整个下降角度尽量保持越小越好（此角度指的是主绳与坠落线的夹角）。

（6）不建议使用向上拉力系统，即使此系统需要上升，也很难做到（与绳桥系统最大不同点）。

（7）是否需要攻击手取决于现场情况。

图 8-4　无绳桥系统运送

四、CW 系统介绍及原则（图 8-5）

（1）CW 系统可以稳定的改变两条绳索，保证其受力接近一致。

（2）CW 系统不需要很多人进行操作。

（3）此系统需要很多锚点，各个锚点不能在相同位置。

（4）两条受力的绳索也需要不同的锚点。

（5）CW 系统不再受力时，两条被牵引绳索需要稳定且结实的下降器，并使用绳结保证锁定。

（6）尽量保证两条被牵引绳索颜色不一样，以简化区分程序。

（7）保证锁死每一个主锁，保证检查每一个机械抓结及普鲁士抓结。

（8）CW 系统与每条被牵引绳索分别连接。

（9）在 CW 系统牵引绳索时，往往需要人员控制绳索制动器。

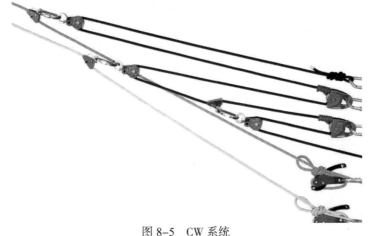

图 8-5　CW 系统

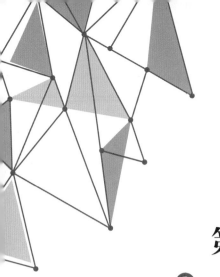

第九章

开放空间、受限空间救援行动

▌ 简介和概述

　　本章重点讲述了营救分队如何在建筑坍塌事故现场组织实施开放空间、受限空间救援行动。

　　本章结束时，你能在开放空间、受限空间内，开展综合救援行动，包括：

　　　　◎　营救方案的制定

　　　　◎　救援技术的综合运用

　　本章讨论和实践的主题包括：

　　　　◎　开放空间、受限空间的基本概述

　　　　◎　开放空间、受限空间营救的程序和方法

　　　　◎　开放空间、受限空间现场行动的安全管理

　　　　◎　开放空间、受限空间营救行动实训

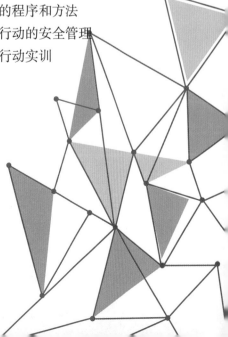

第一节 开放空间、受限空间的基本概述

基于建筑物坍塌灾害的不确定性，救援也将面临多个不同的废墟单元，各个废墟单元的面积、被困人员数量、建筑物的危险程度对搜救行动的难度、营救时间、被困人员的生存概率，以及救援队员所面临的风险产生较大影响。开放空间救援是属于较难实施救援行动的一种，指可容纳 3 个以上成年人的空间，包括大空间和开放空间，相对开阔。除其他不安全因素外，不会限制救援队员作业施救。受限空间救援是属于实施救援行动中非常困难的一种，包括小空间和狭小空间。

一、开放空间救援特点与原则（表 9-1、表 9-2）

1. 开放空间救援特点

（1）救援难度较大。

（2）作业风险较高。

（3）现场秩序混乱。

（4）社会因素影响大。

表 9-1 开放空间优先等级划分因素

优先等级划分因素	特征描述
大空间	可容纳 1 个成年人爬行的空间
开放空间	可容纳 3 个以上成年人的空间，除了其他不安全因素外，不会限制救援队员作业施救
稳定	受损建（构）筑物结构稳定，不需额外的安全支撑
不稳定	建（构）筑物结构不稳定，需要通过支撑和移除作业使结构稳定才能开展救援
极不稳定	建（构）筑物严重受损，极易发生二次倒塌
可进入性	指接近受困者或狭小空间的困难程度

表 9-2 开放空间工作场地优先等级

优先等级	受困者的生存状态	空间类型	结构稳定程度
1	受困者存活		稳定或不稳定
2	不能确定受困者状态	大空间	稳定
3	不能确定受困者状态	大空间	不稳定
4	不能确定受困者状态	开阔空间	稳定
5	不能确定受困者状态	开阔空间	不稳定
6	受困者存活		极不稳定
7	不能确定受困者的生存状态		极不稳定
8	没有受困者幸存		

2. 开放空间救援原则

（1）安全和医疗贯穿科学救援全过程。

（2）详细制定实施计划。

（3）尽量减少对周围环境影响。

（4）时刻监视现场障碍物变化。

（5）做好现场行动记录。

二、受限空间救援特点与原则（表9-3、表9-4）

1. 受限空间救援特点

（1）救援难度大。

（2）作业风险高。

（3）现场秩序混乱。

（4）社会因素影响大。

表9-3　受限空间优先等级划分因素

优先等级划分因素	特征描述
小空间	可容纳1个成年人的空间。在这种空间中受困者致伤概率小于狭小空间，生存概率较大
狭小空间	很难容纳1个成年人的空间，在这种空间中受困者被限制在固定姿势，致伤概率较大，生存概率减小
稳定	受损建（构）筑物结构稳定，不需额外的安全支撑
不稳定	建（构）筑物结构不稳定，需要通过支撑和移除作业使结构稳定才能开展救援
极不稳定	建（构）筑物严重受损，极易发生二次倒塌
可进入性	接近受困者或狭小空间的困难程度

2. 受限空间救援原则

（1）安全和医疗贯穿科学救援全过程。

（2）详细制定实施计划。

（3）救援行动尽量减少对周围环境影响。

（4）时刻监视现场障碍物变化。

（5）做好现场行动记录。

表9-4　受限空间工作场地优先等级

优先等级	受困者的生存状态	空间类型	结构稳定程度
1	受困者存活		稳定或不稳定
2	不能确定受困者状态	小空间	稳定
3	不能确定受困者状态	小空间	不稳定

优先等级	受困者的生存状态	空间类型	结构稳定程度
4	不能确定受困者状态	狭小空间	稳定
5	不能确定受困者状态	狭小空间	不稳定
6	受困者存活		极不稳定
7	不能确定受困者的生存状态		极不稳定
8	没有受困者幸存		

在完全倒塌或部分倒塌建（构）筑物中的工作场地优先等级划分方法，如图 9-1 所示。

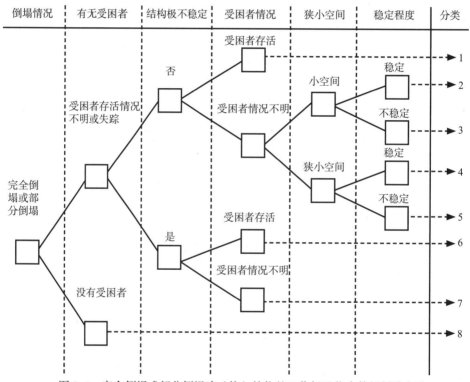

图 9-1　完全倒塌或部分倒塌建（构）筑物的工作场地优先等级划分方法

第二节　开放空间、受限空间营救的程序和方法

1. 工作场地评估（图 9-2、表 9-5）

（1）倒塌建筑物用途、受困人数和位置。

（2）结构类型、层数、承重体系、基础类型、空间与通道分布。

（3）倒塌类型及主要破坏的部位、二次倒塌风险及影响范围。

（4）营救行动可能对结构稳定性产生的影响。

（5）危险品及危险源。

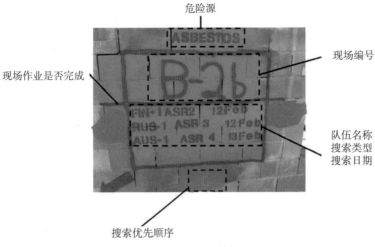

图 9-2　现场评估标记示意

表 9-5　危险源信息对应标记表

危险因素	标记
有毒、有害物质	GAS
易燃、易爆物质	EXPL
放射性物质	RAD
化学物质	CHEM
石棉瓦物质	ASBESTOS
漏电	ELEC
燃料泄漏	FUEL
可能垮塌	COLL

2. 制定营救计划

（1）营救人员作业编组和任务分工。

（2）营救装备数量和性能要求。

（3）后勤、通信保障和资源需求。

（4）进入与撤离路线。

（5）信、记号规定（参照 IEC 国际信号标准）。

3. 工作区域划分

（1）危险区。

（2）安全监视区。

（3）医疗处置区。

（4）营救装备存放区。

（5）安全撤离区。

（6）轮换休整区。

4. 创建营救通道

（1）垂直创建营救通道。

（2）水平创建营救通道。

（3）利用救援机械、装备和绳索系统创建营救通道。

5. 移出受困人员

（1）移出前应遮挡受困人员的眼睛，对颈椎、腰椎损伤的受困人员应先做好防护。

（2）伤情严重的受困人员，应由医疗队员检查伤情，决定处置措施和移出方法。

（3）受困人员移出前应做好急救、转移、后送准备。

6. 转移受困人员

（1）转移伤情严重的受困人员时，应随时做好心理安抚。

（2）利用机械、车辆转移受困人员时，应由获得职业资格的人员操作。

（3）利用绳索系统转移受困人员时，应由经过绳索救援训练的人员操作。

7. 现场医疗急救

（1）医疗队员应做好受困者基本的生命维持与医疗处置工作；

（2）医疗队员应参与制定营救计划制定工作。

第三节 开放空间、受限空间现场救援行动的安全管理

现场救援行动需要采取必要的安全策略以应对现场危险情况，主要分个人、队伍和行动安全三个层次。

一、个人安全

救援队员个体所采取的安全策略如下。

1. 养成安全习惯

救援队员应具备安全观，具有良好的安全习惯，听从安全指示和命令，并严格遵循各种安全准则，使个体行为符合救援队的安全要求。

2. 掌握安全技能

在进入不同的现场时，救援队员能够发现、预判和识别主要危险源并及时上报，熟悉各种安全信记号规定，同时具备紧急避险和自救能力。

3. 正确使用安全防护装备

在进入危险现场时，救援队员应穿好救援服，防止灾害现场的火焰、潮湿、闷热或温差变化造成身体不适甚至伤害。佩戴好安全头盔，防止坚硬物体的磕碰及掉落、倾翻和飞溅对救援队员的头部造成伤害；戴好护目镜，防止灾害现场的烟热、火焰、粉尘、碎屑、飞溅物和尖锐物等伤害救援队员的眼睛；戴好防尘面罩，防止废墟现场及作业产生的粉尘

通过救援队员的口鼻进入呼吸道；戴好防割手套，防止手在接触尖锐或坚硬的物体时被割伤、擦伤、扎伤或砸伤，接触一些高温物体时被烧伤或烫伤双手；穿好救援靴，防止灾害现场地面上的尖锐物及掉落、倾翻的物体伤害到救援队员的脚部；根据不同现场的具体情况，适时使用正压式空气呼吸器、防毒衣、正压式排烟机、可燃气体探测仪及闪光标位器等各种器材进行有效防护。

二、队伍安全

队伍管理配置方面所采取的安全策略如下。

（1）救援队各级指挥员除组织行动外，还要进行必要的安全督查和检查，随时检查人员与装备情况，掌握现场安全情况，及时纠正安全问题。

（2）救援队应设专人负责队伍安全，每个作业现场应设置专门的安全员，负责监控现场安全情况，进行安全提示，提供危险预警，发出紧急撤离信号。

（3）任何进入现场的作业班组，必须两人一组，便于互相呼应，救援现场绝不允许任何一名队员单独行动。

（4）派出救援小组实施纵深作业时，每个小组必须携带通信器材并时刻保持通畅，同时安排接应队员，进行近距离支援或协助撤离。

（5）救援队应设专门的医疗救护人员，随时可对遇险的救援队员进行紧急救护和转运。

（6）救援队还应配备危化品和建筑结构专家，对复杂的现场进行专业的安全评估，确保救援行动安全。

三、行动安全

救援队在行动过程中采取的安全策略如下。

1. 区域控制

救援队在展开行动前，应对整个任务区进行控制，原则上只允许救援队员及其他救援相关人员进入，对单支救援队而言，任务区内通常包含一个行动现场指挥部，并开设于安全且方便支援各作业点的位置，与作业点间应有明确的进出路线，确保人装安全输送。

2. 信记号规定

应对各种安全警示和危险信息进行信记号规定，并使全队人员都熟悉该类信记号，确保各种安全预警信息能有效快速覆盖任务区域。

在救援现场必须派出安全员实施险情监测，若有情况第一时间发出预警信号。

3. 避险规划

（1）在进入每个现场前都要规划好每名进入队员的进出路线和避险区域，要提前清理好进出路线上的障碍物，不要将器材随意摆放在进出路线上，以免影响撤离速度。

（2）听到紧急撤离命令时，所有救援队员应按事先规划好的路线撤离至避险区域，无法及时撤离的救援队员在确保安全的情况下，可选择就近避险。

（3）警报解除后，现场指挥员马上清点人数，发现有失踪者，马上组织搜救。

第四节　开放空间、受限空间营救行动实训

救援行动一般以小组为单位组织实施。营救小组组长、队员、安全员、医疗队员应佩戴明显标识。

1. 移除障碍物

（1）评估障碍物的重量。

（2）合理选择移除装备。

（3）正确选择移除方式。

2. 顶升障碍物

（1）评估障碍物的重量。

（2）合理选择顶升装备。

（3）正确选择顶升方式。

3. 支撑、加固受损、不稳定建（构）筑物

（1）评估支撑建（构）筑物的位置。

（2）合理选择支撑装备。

（3）正确选择支撑方式。

4. 破拆障碍物

（1）评估破拆障碍物的位置。

（2）合理选择破拆装备。

（3）正确选择破拆方式。

5. 建立绳索救援系统

（1）评估建立绳索救援系统的可行性。

（2）绳索救援系统各部件应能够承受所有荷载。

（3）运用担架、吊带、绳索等对受困人员进行固定、保护和转移。

第十章

大型机械吊装及指挥信号

▌简介和概述

本章重点讲述了大型机械吊装技术在建筑坍塌救援行动中的应用。

本章结束时，你能了解在建筑坍塌灾害事故中实现与大型机械的指挥协作，包括：

◎ 常规大型机械的工作原理及可实现的能力

◎ 使用通用手势信号指挥起重机工作

本章讨论和实践的主题包括：

◎ 吊车的应用环境及工作原理

◎ 起重机通用手势信号

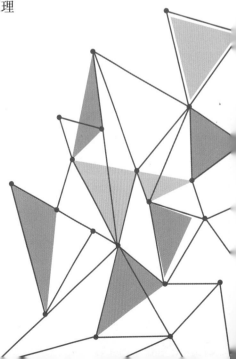

第一节　吊车的应用环境及工作原理

吊车是一种广泛用于港口、车间、电力、工地等地方的起吊搬运机械，主要分为汽车吊、履带吊和轮胎吊。吊车的用处在于吊装设备、抢险、起重、机械、救援。

吊车是起重机的俗称，起重机是起重机械的一种，是一种工作循环、间歇运动的机械。一个工作循环包括：取物装置从取物地把物品提起，然后水平移动到指定地点降下物品，接着进行反向运动，使取物装置返回原位，以便进行下一次循环。如固定式回转起重机、塔式起重机、汽车起重机、轮胎起重机、履带起重机等。在一定范围内垂直提升和水平搬运重物的多动作起重机械，又称吊车，属于物料搬运机械。起重机的工作特点是做间歇性运动，即在一个工作循环中取料、运移、卸载等动作的相应机构是交替工作的。

事前信息：

（1）辖区内可获取的资源列表。

（2）制作电话联系清单。

（3）知道预估响应事件。

移动型起重机的类型（通常用于倒塌建筑物的救援行动）有以下几种：

1. 液压起重机

（1）安装在移动底盘（部分有四驱系统（AWD）和四轮转向（AWS））。

（2）有需要安装在坚固轴承上的支撑架，部分支撑架具有"在橡胶上"吊升的能力。

（3）设备齐全（120吨及以上的除外）。

（4）安装速度较快。

（5）以吊起距起重机中心10英尺（1英尺≈0.3米）的重物吨数为标准评定起重能力。

可变长度的吊臂使其在事故搜救中非常有用。特点如下，样式如图10-1所示：

（1）安装在移动底盘。

（2）部分有四驱系统（AWD）和四轮转向（AWS）。

（3）使用外伸支腿。

（4）设备齐全。

（5）快速安装。

（6）以起重吨数评级。

（7）10英尺半径。

（8）吊臂长度可变。

图10-1　液压起重机

2. 越野（RT）起重机

"起吊和搬运"的能力可"在橡胶上"工作或负重驾驶，更能适应崎岖的地形，但仍需在水平状态起重。其特点如下，样式如图10-2所示：

（1）被称为越野或起吊与搬运起重机。

（2）有"在橡胶上"吊升的额定功率。

（3）更适合在不平的路面上行驶。

（4）仍然需要水平起重。

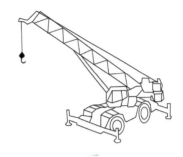

3. 常规起重机（桁架式臂架起重机）

（1）通常需要一个以上的负载来拖运臂架组件、平衡重物和索具。

（2）比液压起重机安装时间更长。

（3）以吊起距起重机中心 10 英尺的重物吨数为标准评定起重能力。

图 10-2 越野起重机

（4）需要比液压起重机更大的安装场地。

（5）当起重机的中心离负载越远时，所有起重机的起重能力都会降低。

常规起重机又称桁架式臂架，部件通常由几辆卡车运输。如图 10-3 所示，在初始安装时确定桁臂长度。

图 10-3 常规起重机

它们本质上是一个非常复杂的一类杠杆，如图 10-4 所示。

另外须注意的是对于所有类型的起重机：

（1）起重机离负载越远，最大起重能力就越小。

（2）它们是非常复杂的一类杠杆。

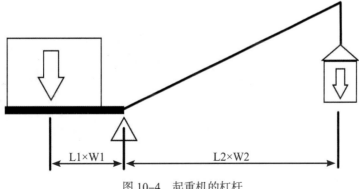

图 10-4 起重机的杠杆

第二节 起重机通用手势信号

救援人员必须具备与起重机操作员沟通的常用手势信号的基本知识，如图10-5所示。

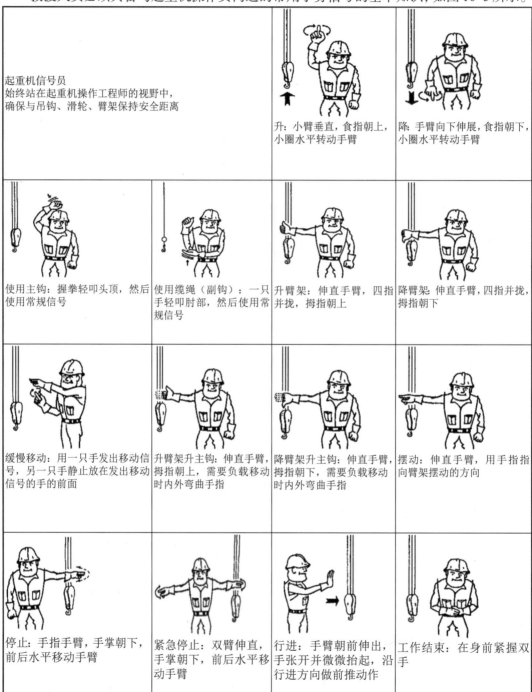

起重机信号员 始终站在起重机操作工程师的视野中，确保与吊钩、滑轮、臂架保持安全距离		升：小臂垂直，食指朝上，小圈水平转动手臂	降：手臂向下伸展，食指朝下，小圈水平转动手臂
使用主钩：握拳轻叩头顶，然后使用常规信号	使用缆绳（副钩）：一只手轻叩肘部，然后使用常规信号	升臂架：伸直手臂，四指并拢，拇指朝上	降臂架：伸直手臂，四指并拢，拇指朝下
缓慢移动：用一只手发出移动信号，另一只手静止放在发出移动信号的手的前面	升臂架升主钩：伸直手臂，拇指朝上，需要负载移动时内外弯曲手指	降臂架升主钩：伸直手臂，拇指朝下，需要负载移动时内外弯曲手指	摆动：伸直手臂，用手指指向臂架摆动的方向
停止：手指手臂，手掌朝下，前后水平移动手臂	紧急停止：双臂伸直，手掌朝下，前后水平移动手臂	行进：手臂朝前伸出，手张开并微微抬起，沿行进方向做前推动作	工作结束：在身前紧握双手

图10-5 起重机通用手势信号

第十一章

灾害心理应对策略

▌简介和概述

　　本章重点讲述了在灾害事故救援中的心理应对策略及如何开展和运用生命心理急救技术。

　　本章结束时，你能在灾害事故救援前、中、后期对自己内心有进一步的认识以及了解心理急救相关操作，包括：

　　　◎　心理急救概念
　　　◎　心理急救操作原则

　　本章讨论和实践的主题包括：

　　　◎　心理学的误区
　　　◎　认识自我，理解压力
　　　◎　心理行为创造性训练
　　　◎　心理急救概念与实操

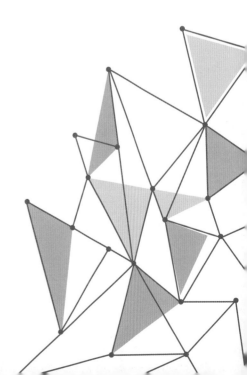

第一节 心理学的误区

心理学是一门研究人类心理现象及其影响下的精神功能和行为活动的科学，兼顾突出的理论性和应用（实践）性。但在这个时代下，由于各种书籍、影视对心理学作用的夸大，以及社会对心理学的宣传力度不够，导致大多数人认为心理学是一门玄之又玄的学科，甚至有些人害怕与学习心理的人进行交往，总是觉得他们会看出我们的秘密。对心理学持有的偏见使得大家对心理学知之甚少，一提及心理学，大家都会想到读心术、催眠、变态、心理咨询等概念，其实这是对心理学的误解。

1. 心理学不等于读心算命

心理活动并不只是人在某种情境下的所思所想，它具有广泛的含义，包括人的感觉、知觉、记忆、思维、情绪和意志等。心理学家的工作就是要探索这些心理活动的规律，即它们如何产生、发展、受哪些因素影响以及相互间有什么联系等。他们通常是根据人的外显行为和情绪表现等来研究人的心理。

2. 心理学家都会催眠

催眠术只是精神分析心理学家在心理治疗中使用的一种方法，并非心理学家的"招牌本领"，而且大多数心理学家的工作并不涉及催眠术，使用更多的是严谨的科学研究方法，如实验和行为观察。

3. 心理学只研究"变态"

这种观点是把心理学和精神病学混淆了。精神病学是医学的一个分支，精神病学家主要从事精神疾病和心理问题的治疗，他们的工作对象是所谓"变态"的人，即心理失常的人。精神科医生在治疗精神疾病时可以使用药物，而且还必须要接受心理学的专业培训。与精神病学家不同，虽然临床心理学家也关注病人，但他们不能使用药物。

4. 心理学等于心理咨询

心理咨询只是心理学的一个应用分支，并不是心理学的全部。心理咨询的对象可以是一个人、一对夫妇、一个家庭或一个团体。心理咨询的目的是帮助人们应对生活中的困扰，更好地发展，增加生活的幸福感。一般来说，心理咨询是面向正常人的，来访者有心理困扰，但没有出现严重的心理偏差。

第二节 认识自我，理解压力

一、认识自我

自我又称为自我意识或自我概念，是个体对其存在状态的认知，包括对自己的生理状态、心理状态、人际关系及社会角色的认知，自我的结构主要有以下五个层面。

1. 物质自我

物质自我是其他自我的载体，是个体如何看自己身体的层面。

2. 心理自我

心理自我是个体的态度、信念、价值观念及人格特征的总和，是个体如何看自己心理世界的层面。

3. 社会自我

社会自我是处于社会关系、社会身份与社会资格中的自我，即个体扮演的社会角色，是自我概念的核心，是如何看待个体，同时被个体意识到的层面。

4. 理想自我

理想自我是个体期待自己成为怎样的人，即在理想中，"我"该是怎样的。理想自我与现实自我的差距往往是个体行动的重要原因。

5. 反思自我

反思自我是个体如何评价他人和社会对自己的看法，这是自我概念反馈的层面。

二、认识自我的途径

性格是人格的另一个重要成分，指人在对现实稳定的态度和习惯化了的行为方式中表现出来的心理特征。如果说气质更多地体现了人格的生物属性，那么性格则更多地体现了人格的社会属性，个体之间的人格差异的核心是性格的差异。一般来说，人的性格特征包括四个方面：态度特征、意志特征、情绪特征和理智特征。性格更多受到环境的影响，具有较大的可塑性，它具有社会评价的意义，反映了社会文化的内涵。以性格的态度特征为例，它是指一个人如何处理社会各方面关系的性格特征，即他对社会、对集体、对工作、对劳动、对他人以及对自己的态度特征。好的态度表现为忠于祖国、乐于助人、正直、诚恳、认真、负责等；不好的表现是没有民族气节、对他人漠不关心、自私自利、损人利己、奸诈狡猾、狂妄自大等。认识自我可以通过几个途径进行。

1. 自我评价

自我评价是自我观察和分析，即内观。例如，可以有意识地通过正念、冥想、日记等方式记录自己的内心活动，描绘自己的情绪、情感体验，评价自己的个性特征和行为表现等；自我评价还可通过与他人比较获得，特别是通过与同龄人的比较，来加深对自身特点的认识和了解。需要注意的是，与他人比较是为了更好地了解自己，而不是为了攀比炫耀，切忌比别人强就得意扬扬、沾沾自喜，比别人差就闷闷不乐、嫉妒愤恨。

2. 他人评价

他人评价是我们认识自我的一面镜子。他人评价有助于我们形成对自己更为客观、完整、清晰的认知。同时，我们也不能过度在乎他人的评价，否则一遇到喜欢讨好卖乖之人我们就容易自我膨胀，一遇到尖酸刻薄之人就容易垂头丧气，用理性的心态面对他人的评价是走向成熟的表现。

3. 专业评价

对于想更多了解自己或者由于环境等原因在认识自我方面有困难的人，可通过专业的人格测试表结合心理咨询，来获得更加深入和准确的结果，通常测试人格的测验有艾森克人格问卷（EPQ）、卡特尔16种人格因素问卷（16PF）以及明尼苏达多项人格测验（MMPI）。

三、理解压力

1. 心理压力的定义

心理压力是个体的一种综合性心理状态，表现为认知、情绪、行为三种基本心理成分的有机结合。

（1）个体心理压力是意识的产物，是建立在一定的认知基础上的。人在无意识状态下是没有心理压力可言的，如睡眠状态下人无心理压力。人无认知能力时也不会有心理压力存在，新生儿只有感觉，无心理压力。人有认知能力时，若对威胁性的刺激情境失察而未能认识到其对自己生活造成或将造成威胁、危害时，也不会产生心理压力。若刺激情境本身不会对个体造成威胁、危害时，个体由于错误的认知，以为它具有威胁性、危害性，无法处理、摆脱，却会产生心理压力。

（2）心理压力伴有持续紧张的情绪、情感体验。通常个体有心理压力时，容易出现消极的情绪，如惊慌、害怕、忧愁、愤怒等等。是否在有一定的心理压力时就一定有消极的情绪出现呢？现实生活中，有时我们接受一项比较艰难的工作任务，虽有心理压力，但却乐意去做，从而就不会产生消极情绪。

（3）心理压力必引发行为反应。个体有心理压力时，不会无动于衷，而会引发出一定的行为反应，表现为有意行为，或针对压力事件，积极应对，化解压力；或逃避压力情境，以维持正常生活；或消极应对，被压力所困，日积月累，逐步形成心理障碍。如此看来，可以说心理压力是压力源、压力感和压力反应三者形成的综合性心理状态。

2. 心理压力源的种类

心理压力来源于机体内外环境向机体提出的应对或适应的要求。这些可导致机体产生应激反应的紧张性刺激物称为应激源。对人类来讲，有包括各种物理、化学刺激在内的生物性应激源，如不适宜的温度、强烈的噪声、机械性的创伤、辐射、电击、病毒、病菌的侵害等，也有包括来源于现实社会中经常发生的冲突、挫折、人际关系失调等在内的心理性应激源，还有包括不断变化着的政治、经济、职业、婚姻、年龄等因素在内的文化性应激源。

（1）生物性应激源。

生物性应激源是借助于人的肉体直接发生作用的，引起身心两方面的应激反应。一般先引起机体生理变化，随着人们对这种生理反应进行认知评价和归因，才产生心理反应和应激状态。例如一个人患了病，有发热、虚弱、疼痛等症状与体征存在，在未诊断出结果之前，一般会归因于病毒或病菌侵袭的结果，可能不会引起过强的心理紧张。但如果经诊断这些症状与体征是由于某种严重的疾病（如肿瘤等）作用所引起，自然就会感到心理紧张，也相应会出现心理应激反应。

（2）心理性应激源。

心理的失衡也可以造成应激状态。例如在日常生活过程中经常存在着欲求不能实现或不能完全实现所引起的动机冲突；需要不能满足而产生的紧张情绪状态。在人类社会生活中，由于个体差异的原因，彼此之间关系不能协调一致，形成矛盾冲突的现象是经常发生的，人有丰富的记忆资源和非凡的预见性和创造性，人们会进入回忆性、预期性或想象性的紧张情境与事件中，从而也会产生心理压力或应激状态。

（3）文化性应激源。

社会文化环境的任何变动都会造成应激状态。社会文化的变动既包括重大的社会政治、经济的变动，如战争等，也包括个人的社交、生活、工作中遇到的各种各样的事件，如家庭、恋爱中的矛盾，亲人的亡故，学业与事业上的成功与失败，职位的升降等等。如果人们对变化着的社会情境与生活事件，不能通过自身调整进行有效的适宜性反应，就不可避免地出现种种心理矛盾冲突，尤其是当人们失去了与集体的联系和社会的支持，处于孤立无援状态时，会产生严重的失助感和焦虑、愤怒、怨恨、忧郁与绝望等一系列的紧张情绪，从而产生心理压力或应激状态。

除上述应激源之外，还有许多因素也可导致心理应激。例如由于科学技术的飞速发展，知识更新速度加快，迫使人们不断地接受新的教育、学习新的东西，以适应社会科技文化的发展；由于现代工业化、都市化的发展，带来了噪音、空气的污染，机器对人的要求过高，作业内容过于单调，工作角色模糊等，都能使其感受到心理压力，使人处于应激状态。

3. 心理压力的分类

（1）按严重程度分类。

心理压力按严重程度来讲，可分为轻度压力、中度压力、重度压力和破坏性压力等四种压力。

①轻度压力。轻度压力的压力源不大，刺激比较轻，难度较小，稍微努力就能完成，对人动力影响也比较小，基本上不产生心理困惑。轻度压力一般无须关注和进行特别的调控。

②中度压力。中度压力是介于轻度和重度之间，从压力源上来说适中；从难度上来说要经过努力和采取一定措施才能完成；从动力上来说对人的动力推动最大；从心理上来说容易让人产生焦虑情绪，也可能会伴有轻微的抑郁成分。中度压力在可自行调节范围，当个体按照制定出的计划和措施实施后，目标减少，压力减小，心理困惑逐步减轻。

③重度压力。重度压力是由于压力源大，给人造成了严重的心理冲突，导致的焦虑和抑郁持续的时间比较长，程度比较严重，在短时间内这种状态很难减弱。这种状态会使大多数人产生逆反心理，会放弃现在的努力和改变这种状态的能力，导致压力所致的心理问

题长期得不到解决。

④破坏性压力。破坏性压力又称极端压力，包括战争、大地震、空难以及被攻击、绑架等。破坏性压力的后果可能会导致创伤后压力失调、灾难症候群、创伤后压力综合征等。破坏性压力不仅可以影响一个人的身体素质，使得个体容易产生生理疾病，而且会引发个体在生物、心理、社会行为等各个方面的变化，从而导致身心障碍甚至身心疾病，应当被慎重对待。

（2）按压力性质分类。

①单一性生活压力。单一性生活压力指某一时间段内，经历某种事件并努力适应，其强度并不足以使个体崩溃。这类压力产生的结果往往是正面的，大多有利于个体提高抗压能力。

②叠加性压力。这类压力从产生时间上又分为两种：一是同时性叠加压力，指同一时间内发生若干压力事件；二是继时性压力，指两个以上的压力事件相继发生，前者的压力效应尚未消除，后继的压力又已发生，此时所体验的压力即被称为继时性叠加压力。

4. 心理压力的应对方法

消除心理压力的关键在于对心理压力的正确认识，而且这是一个相当简单易行的过程，一旦意识到自己产生心理压力，可向所信任的朋友或所尊重的长者寻求帮助，找寻引发心理压力的原因并做相应处理。

（1）做记录。

首先列出心理压力的征象，注意其严重程度和持续时间，然后列出可能的诱因，并分门别类。引发心理压力的问题通常分为三类：一类为有实际解决办法的；一类为不管怎样，随时间推移，情况会好转的；第三类为无力独立解决的。在记录过程中，尽量避免将诱因划入后两类：不要怀疑自己的能力，其实多数问题靠自己努力是能够解决的。第二步是做监测。监测心理压力征象的严重程度或机体耐受程度的变化，可采用写便条或日记的方式，一周后重复记录并进行前后对比，以了解自己选用的解决方法是否可行，如果有些方法不可行，可以换用其他办法。坚持这样监测，直到自己感觉心理压力已消除。一般情况下，6~12周后事态会有很大改观。

（2）培养良好的生活方式。

如果让所有的生活事件主次分明（如分成"必须做的""应该做的"和"不必做的"），并以一定的准则行事，就可以从压抑的心境中解脱。

（3）改变思维方式。

筛选原有的想法，取其精华，去其糟粕。记录曾经有过的无知、无用、无益及偏执的想法，同时记录当时的心情及后果。学会辨别幻想和理想，反复结合实际，逐渐提高辨别力。对已存在的不良思维方式视而不见并不能改变事实。

（4）反省。

反省自己的想法并不是我们常做的事，而且开始时总会遇上困难。特别是在承受心理压力的情况下转换观点或思路的确有一定的难度。此时可以先用笔写下自己的想法，等心情放松一些时再继续思考。虽然不可能有完全正确的答案，但可以寻找更合适的解决方法。

（5）从行动中获益。

任何行动都有其积极的一面：行动能够分散注意力，并能给人自立、成功和快乐的感觉。专注的行动令人忘却疲劳，使自己充满活力，你越努力，则越愿意努力。帮助开拓思路，感受自己的行动带来的快乐。首先制定行动时间表，其次制定行动计划，灵活对待行动时间表。

（6）开始行动。

列出超期未完成的事情，根据事情的轻重缓急安排工作，分期分批完成任务，对付困难的行动要在心中按步骤预演几遍。

第三节　心理行为创造性训练

一、自我心理行为创造性训练的方法与策略

1. 如何自我帮助

每个人都认为自己的想法是对的、有道理的、站得住脚的或者是理所当然的。要学会问问自己：

（1）果真如此吗？

（2）我以前有没有过直觉失灵或不对的时候？

（3）有没有其他的解释？如果这事不放在我身上，别人会怎么看？试着用新的解释去看，看看有什么情绪变化。

（4）即使自己的想法是对的，怎么处理才更有利？

（5）慢下来，静一静，再看再应对。

2. 日常自我调适的方法

（1）规律科学健康的饮食、睡眠和锻炼习惯。

（2）远离烟、酒、毒品或其他成瘾物质。

（3）安排时间从事让自己感到愉快、轻松的活动。

（4）乐观、自信，有承受力、毅力、勇气和恒心。

（5）接受自己的不足，做该做且可以承受的事情。

（6）陷入困境时，主动找出问题，一步一步去解决问题，而非否定自己。

（7）遭遇自己无法解决的挫折时，主动寻求亲友或其他社会支持。

（8）学会留意功能不良的思维惯性并尝试不让它继续影响自己。

（9）自我帮助无效时尽早主动寻求专业的帮助。

3. 自我调适方法策略

无论是在救援前期、救援过程中，还是在救援结束后，救援人员都需要建立足够的心

理防御机制，提高灾害心理知识，掌握在灾害现场的自我调适方法策略。

（1）日常心理能力训练。

日常心理能力的训练，目标在于提升个体心理防护能力，预防救援过程中出现心理不适感或遭到心理伤害。在日常心理训练中，应遵循安全性、实用性、伦理性和循序渐进性的基本原则，保证训练的科学与有效。根据救援任务环境的不同，日常训练可以有针对性地设置一些常见救援场景，例如火灾、高空、黑暗、血腥等，根据情绪加工理论，可采取系统脱敏法，让受训人员进入该场景，由放松状态到想象脱敏训练再到现实训练，逐步体验心理变化过程，提升个体抗压能力和在情绪、意志方面的素质。同时，根据对心理的生理基础认识，心理能力的训练过程应配合适当强度的体能训练，实践也充分表明，体能强健的人员更容易训练出强大的心理素质。

另外，救援人员在平时的训练中还应该学习掌握一些基本的心理干预疏导技术，例如"安全岛技术""渐进式肌肉放松技术""正念减压技术"等，这些专业的心理训练方法能及时有效地缓解心理压力，使失衡的心理状态达到迅速地恢复。

安全岛技术：该技术是用冥想来调节自己压力、情绪的心理学技术，就是你可以充分发挥想象，在心里建立一个非常舒适安全的地方，这个地方只有你能够进入，而这个地方受到非常严密的保护，它处在你心里一个不受打扰的地方，就像一座岛屿，你也可以把它想象成其他的，例如平静舒适的沙滩、鸟语花香的山顶平台、安静的书房、温暖的被窝。在那里一切都那么舒适，那么放松，而又绝对的安全，那里的一切全部都由你来掌控，在那个安全岛上是你最放松最舒适的一个状态。当救援人员出现心理波动时，我们可以建议他们随时进入那个地方来恢复到一个平静的状态。

渐进式肌肉放松技术：该技术是由医生埃德蒙德·雅各布森(1938)首创的，旨在使我们全身的肌肉得以放松。当我们平躺和坐着的时候，闭上眼睛，从脚趾头开始，到你的腰间，再到你的头顶、你的两臂、手指头，逐渐放松每个肌肉群，最后使我们的全身都得到放松。

正念减压技术："正念减压疗程"在1979年由美国麻省大学医学中心附属"减压门诊"的 Jon Kabat-zinn 博士创立，原称为"减压与放松疗程"。救援人员可以利用呼吸，感受一吸一呼的正念，非评判地关注当下的冥想活动，防止心念散乱，是非常适合自我沟通的一种行为训练方法。而且正念减压不需要外在的约束，随时随地都可以自主开展训练。当我们大脑感觉累的时候，正念减压技术就是目前最好的大脑放松法。持久的正念训练会让我们的心得到最有效的平静，逐渐改变常见的消极思考模式，可以让我们的思维变得更加积极和更有觉察力。

（2）灾害后的应急心理自我干预。

在救援的黄金期，救援行动分秒必争，特别是灾害事故发生的初期，救援人员满负荷运转，精神高度紧张，身体得不到充分的休息，这时候也是救援人员心理防线最弱的时候。持续的救援行动会使我们的救援人员身心疲惫，精力耗竭，任何突发事件的发生都极易给救援人员产生巨大心理冲击。在救援过程中他们内心会产生强烈的紧张、焦虑、担心、头脑空白等一系列心理反应，同时情绪可能也会变得不太稳定，面对惨烈的救援场景和复杂的救援形势，内心可能产生强烈的恐惧感、压迫感、内疚感等一系列复杂的心理反应。当救援人员感觉出现如此心理症状或反应时，可以尝试进行如下的心理调节和疏导。

短暂休息：我们可以有意识地进行深呼吸，把注意力放到呼吸上，做几次深长的腹式呼吸。吸气鼓肚、呼气瘪肚，在一吸一呼之间注意力集中在肚子起伏上。慢慢放松，得到身体疲惫的缓解，暗示我们的任务一定能够完成，一定能够战胜困难，一定能够胜利。

换个姿势：如果情况允许，我们可以尝试换个姿势，比如站立变成蹲下，坐着变为站着，可以来回进行走动、上下跳一跳，调整身体的紧张和焦虑的状态。

换岗/撤下：当你觉得无法继续工作时，可以通知你的队长，告诉他你现在感觉压力过大，是否可以换个岗或撤下来休息一下。而作为队长也要时刻观察队员的状态，当发现其无法继续工作时，要适当地进行鼓舞或换岗，以免造成更严重的后果。队员们在进行适当的休息后，能够缓解精神压力，如果情况允许，可以闭目冥想自己喜欢的事物或事情，甚至可以打个小盹。

吃点喝点：除了休息以外，可以补充下能量，情况允许时，吃点自己想吃的东西，喝点补充体内电解液的饮品，保持心情舒畅。这样不仅能够补充身体的能量，还能够迅速增强自己的信心。

做好最坏的打算：做好最周全的计划，但也要做最坏的打算，提前想好失败的后果，给自己心理打好预防针，因为救援人员既不是神仙，也不是超人，我们所要做的就是尽自己最大努力，用最安全的方式，不抛弃、不放弃任何希望去营救每一位幸存者，无论结果成功或失败，都应坦然面对，内心无愧，接受现实。

适当的宣泄情绪：我们可以大吼，喊出我们救援的口号，甚至我们可以大声地哭泣，找一个发泄点来释放压力。人类可以有多种方式释放压力，而哭是我们打小就会的。如果压力积存在心中太久，会影响身体健康，所以想哭的时候就哭出来吧！借助泪水，救援人员可以有效地缓解紧绷的神经。

寻求战友或亲人的帮助：如果我们感觉压力很大，我们可以和身边的战友讨论救援策略，装备情况；可以和战友来个强有力的握手，甚至在情况允许下，让战友给你一个拥抱，相信战友的力量瞬间能够传递给你。或者给亲人、朋友打个电话，报个平安，条件允许的话适当地聊会儿天，他们的支持是对你最大的精神鼓舞。

二、团队心理行为创造性训练方法和策略

1. 团体心理行为基本方法

（1）认知心理行为训练法。

认知心理行为训练法是指改变人的认知结构及其认知态度的训练方法。心理潜能的增长、释放和人的心理状态、心向紧密相连，特别是以人的积极性、主动性为支撑。而人的心向的调整和积极主动性的发挥，又以人对客观事物的认知态度为前提。应急救援作业环境和面临要完成的任务不同于一般的社会环境和社会工作，因此改变应急救援人的认知结构及其态度是极为重要的。也由此决定了心理潜能认知训练方法的科学性。

（2）极限心理行为训练法。

极限心理行为训练法是指通过一定手段提升人的生理、心理极限的训练方法。人的心理以生理为物质基础，心理的极限状态是通过生理的极限引发出的。人的心理潜能具有有限和无限的相对性和统一性。具体到每一个个体，从现有水平看，它是有限的，但是用发展的眼光和他具备的潜在能力看，它又是无限的。这种有限性和无限性具有辩证的动态发展性。而这种动态发展性只有当个人的生理、心理极限升至最大阈值，并受到一定冲击时，功能才能得以延伸和增长。所以，极限训练法不失为开发心理潜能的最基本训练方法。同时，这也是由应急救援队伍战场上要面临的恶劣环境的需要所决定的。

（3）自我暗示心理行为训练法。

暗示是指用含蓄、间接的方式对别人的心理和行为产生影响。顾名思义，自我暗示心理行为训练法是指学会对自己采取暗示的方式来调整心理和行为，以凝聚心理潜能，增强应激能力。

人的心理潜能，可以说集聚在两个层面里，一是意识，二是潜意识。明示可以直接调动意识层次中的能量。暗示不仅能调动意识层次的能量，还可以调动潜意识层次中的能量。人的潜意识能量在某种情况下对人的心理和行为的影响具有不可忽视的重要作用。所以自我暗示法在开发应急救援队员心理潜能的行为训练中还是特别需要的。

（4）情境心理行为训练法。

情境心理行为训练法是指创设能引起人的某种主观体验的环境和情况，借以提高行为能力的训练方法。从根本上说，心理训练是由客观环境的刺激引起的，能力是在实践中形成和提高的。要提高人的某一方面的应对能力，就必须创设足以引起需要这方面能力的主观体验的相应情境，尤其是紧张和恐惧的情境。应该说，这是开发军人潜能、进行心理行为训练的有效途径。所以，情境训练法是必不可少的重要手段和方法。

2. 心理行为基础训练科目

（1）无敌风火轮。

①训练目的：本训练主要为培养战斗员团结一致、密切合作、克服困难的团队精神；培养计划、组织、协调能力；培养服从指挥、一丝不苟的工作态度；增强队员间的相互信任和理解。

②道具要求：报纸、胶带。

③场地要求：一片空旷的大场地。

④训练时间：10分钟左右。

⑤训练方法：12~15人一组，利用报纸和胶带制作一个可以容纳全体团队成员的封闭式大圆环，将圆环立起来，全队成员站到圆环上，边走边滚动大圆环。

（2）信任背摔。

①训练目的：培养团体间的高度信任；提高组员的人际沟通能力；引导组员换位思考，让他们认识到责任与信任是相互的。

②道具要求：束手绳。

③场地要求：高台最宜。

④训练时间：30 分钟左右。

⑤训练方法：这是一个广为人知的经典拓展项目，每个队员都要从 1.6 米的平台上笔直地向后倒下，而其他队员则伸出双手保护他。每个人都希望可以和他人相互信任，否则就会缺乏安全感。要获得他人的信任，就要先做个值得他人信任的人。对别人猜疑的人，是难以获得别人的信任的。

（3）齐眉棍。

①训练目的：在团队中，如果遇到困难或出现了问题，很多人马上会找到别人的不足，却很少发现自己的问题。队员间的抱怨、指责、不理解对团队有严重的危害性，这个项目将告诉大家："照顾好自己就是对团队最大的贡献"。提高队员在工作中相互配合、相互协作的能力。统一的指挥和所有队员共同努力对于团队成功起着至关重要的作用。

②道具要求：3 米长的轻棍。

③场地要求：一片空旷的大场地。

④训练时间：30 分钟左右。

⑤训练方法：全体分为两队，相向站立，共同用手指将一根棍子放到地上，手离开棍子即失败，这是一个考察团队是否同心协力的体验。所有学员将按照培训师的要求将手指上的同心杆一齐放于地面，完成一个看似简单但却最容易出现失误的项目。此活动深刻揭示了团队内部的协调配合之问题。

（4）盲人方阵。

①训练目的：这个任务体现的是团队队员之间的配合和信任，一个有领导、有配合、有能动性的队伍才能称之为团队，本训练主要为锻炼大家的团队合作能力。

②道具要求：长绳一根。

③场地要求：一片空旷的大场地。

④训练时间：40 分钟左右。

⑤训练方法：让所有队员蒙上眼睛，在 40 分钟内，将一根绳子拉成一个最大的正方形，并且所有队员都要均分在四条边上。这个项目教会所有学员如何在信息不充分的条件下寻找出路，大家耗用时间最长、最混乱、所有人最焦虑的时候是在领导人选出、方案确定之前，当领导人产生，有序的组织开始运转的时候，大家虽然未有胜算，但心底已坦然了许多。而行动方案得到大家的认同并推进，使战斗员们在同心协力中初尝着胜利的喜悦。

（5）解手链。

①训练目的：锻炼新团队的沟通、执行及领导力。

②道具要求：无须道具。

③场地要求：一片空旷的大场地。

④训练时间：15 分钟左右。

⑤训练方法：所有的队员手牵手结成一张网。队员们这时是亲密无间紧紧相连的，但

是这个时候的亲密无间紧紧相连却限制了大家的行动。我们这时需要的是一个圆，一个联系着大家，能让大家朝着一个统一方向滚动前进的圆。在不松开手的情况下，如何让网成为一个圆，这是对团队的严峻挑战。

（6）七彩连环炮。

①训练目的：本活动旨在挑战心理极限，增强对他人的信任。

②道具要求：气球若干，脸部防护装备。

③场地要求：一片空旷的大场地。

④训练时间：10分钟左右。

⑤训练方法：以接力的形式，第一名战斗员跑到规定位置吹气球，直到吹破。跑回原位置换下一名战斗员，如此轮换，以2分钟为限，计时完毕时以吹破气球个数记录成绩。

3. 心理行为创造性训练科目

（1）拉棒。两人相对而坐，腿伸直，脚顶脚，双手同握一根木棒。发令后，各自使劲往后拉，谁先把对方拉起来即为胜。

（2）知己知彼。二人在圈内相对而站，由裁判员在各人背后别上一张字条。发令后，谁先想方设法看到对方的字并说出来，就算胜了。

（3）打空降特务。每人手持一只小沙包，裁判员将降落伞（手帕、绳子、螺丝帽做成）抛到空中，降落伞下降时，用沙包击中者即可得分。

（4）蛙式赛跑。预备时游戏者横排蹲于起点线上。裁判发令后，即可跳跃前进并按节奏轮流在身前身后击掌，以先到达终点者为优胜。

规则：比赛中不得站起来，倘若跌倒或手触地则为失误，退至起点重做。

（5）接圈。用一根30厘米长的塑料管粘住两头，做成一个圈。游戏开始，两人相对而站，间隔数米，各手持一根40厘米长的细棍子，轮流套接，每成功一次可得1分。在规定的次数里，看哪队得分多。

注：套圈也可用藤条、竹篾做成。

（6）托球看背。两人相对而站，各手持一块拍子，拍上托住一只乒乓球。裁判员分别在其背后用粉笔写上一个字词或号码。发令后，双方用拍子托球或颠球走向前，互相争看对方后背，先看到并讲出对方字词或号码者为胜。

（7）谁的马力足。两人背向骑坐于长凳两端，在凳面的中间系一根绳子，绳头对准地上的中线。发令后，各自提臀用力拉凳，在规定的时间内，以最先拉过中线的人为获胜。

注：此种游戏，也可分成数组同时进行。

（8）小兔钻树洞。每两人相对而站，双手搭起，组成一个树洞。每个洞中间都站上一个人，当住在洞里的小兔。另外，一个当追者，一个当逃者。逃者遇到危险时可跑进任何一个树洞，让洞中人跑出替换之。如果在树洞外被拍及，则互换追逃角色。

第四节　心理急救概念与实操

根据 Sphere（2011）和 IASC（2007）的定义，心理急救（Psychological First Aid, PFA）是为正在痛苦的人们或需要支持的人们提供人道的、支持性的帮助。

心理急救包括以下几个方面：

（1）提供实际有用的关怀与支持，而不会干扰受助者的生活。

（2）评估需求与关注问题。

（3）帮助人们获得基本生活需求（例如食物、水和信息）。

（4）倾听，但不要迫使对方讲述创伤经历。

（5）安抚人心、帮助他人保持冷静。

（6）帮助人们获得信息、服务与社会支持。

（7）帮助人们免受进一步的伤害。

心理急救的设计目的是减轻创伤事件所带来的初始悲恸反应，促进短期及长期的适应性功能与能力。心理急救不认为所有幸存者均会产生严重的心理健康问题，或长期的复原困难。心理急救介入的对象为经历灾害或恐怖攻击的儿童、青少年乃至整个家庭。心理急救同样适用于应急响应人员和专业救援队员。

1. 心理急救的原则

（1）心理急救是应急救援工作的一部分，应与应急救援工作的开展整合在一起进行。

（2）以社会稳定为前提，不给整体救援工作增加负担，竭力减少再次伤害。

（3）综合应用心理危机干预技术，结合具体情况提供个性化帮助。

（4）保护被援助者的隐私。

2. 心理急救的目标

（1）心理急救主要服务对象为遭受灾难的群众和参与救援工作的应急救援人员。

（2）防止出现过激行为，促进交流，提供适当建议和帮助以缓解痛苦，应对现实难题，从而积极预防、及时控制和减缓因灾难造成心理危机而导致的社会危害。

（3）促进灾后心理健康重建，帮助个体适应新的生活模式，预防心理障碍的发生。

（4）维护社会稳定，保障公众心理健康。

3. 心理急救的实施者和场地

（1）心理急救由心理学工作者以及参与救援的应急救援人员和社工或组织等来完成，是组织灾后应急救援措施的一环，心理急救是一种支持性的介入方法，在灾难发生后可立即使用。

（2）心理急救在确保安全的前提下可以在多种场合实施，一般包括避难所、医院、检伤分类站、救灾物资集结区、临时安置点、灾后援助服务中心等场所。

4. 如何进行心理急救

在帮助那些经历创伤事件的人们时，需要考虑到他们的安全、尊严和权力。下面几条原则适用于所有提供人道主义援助的个人和机构，也包括提供心理急救的人们：

（1）尊重他们的安全。

①你的行为要避免将他们置身于其他危险中。

②尽最大努力确保帮助的大人和孩子都很安全，使他们免受身体和心理的伤害。

（2）尊重他们的尊严。

尊重他人，并遵循他们的文化和社会规范。

（3）尊重他人的权力。

①确保人们公平的享有获得帮助的途径，不受歧视。

②帮助他们维护自己权利，帮助他们获得现有的支持。

③对遇到的所有人，都只以他们的最佳利益为行动准则。

对任何人，无论他们的年龄、性别和种族背景，做出任何行动时都要想到这些原则。想一想这些原则在你的文化环境中都是什么含义。如果你是某个机构的志愿者，还要时刻遵守本机构的行为准则。

表 12-1 列出了一些伦理准则的"做与不做"，指导心理急救人员帮助人们避免进一步伤害，提供最好的关怀，符合受灾者的最佳利益。

表 12-1　心理急救人员的伦理准则

做：	不做：
◆ 诚实，值得信任； ◆ 尊重受灾者自己做出决定的权利； ◆ 意识到应急救援人员自己的偏见，不要受其影响； ◆ 确保受灾者知道，他们即使现在拒绝接受帮助，以后需要的时候依然可以获得； ◆ 尊重受灾者的隐私，为他们的故事保密； ◆ 了解受灾者的文化，考虑对方的年龄和性别，举止行为得当	◆ 滥用作为应急救援人员的关系； ◆ 收取受灾者的金钱或者向他们提要求； ◆ 虚假的承诺，提供不正确的信息； ◆ 夸大自己的能力； ◆ 强制受灾者接受帮助，冒犯他们，强求他们做不愿意做的事； ◆ 强制受灾者表述自己的经历； ◆ 和别人分享受灾者的经历； ◆ 因为行为和感受而评判受灾者

5. 心理急救的行动原则（三"L"原则）

心理急救的行动原则有三条：一看（Look）、二听（Listen）、三联系（Link）。这些行动原则有助于指导应急救援人员观察和安全地进入危机情境，接近受灾群众，理解他们的需要（表 12-2）。

表 12-2　心理急救的行动原则

看（Look）	◆ 检查安全； ◆ 检查那些有明显的、紧急的基本需要的人； ◆ 检查那些有严重痛苦反应的人
听（Listen）	◆ 接近可能需要支持的人； ◆ 询问对方的需要和担心； ◆ 倾听对方，帮助他们平静下来
联系（Link）	◆ 帮助人们满足基本的需要，获取服务； ◆ 帮助人们处理难题； ◆ 提供信息； ◆ 将人们与亲人和社会支持联系在一起

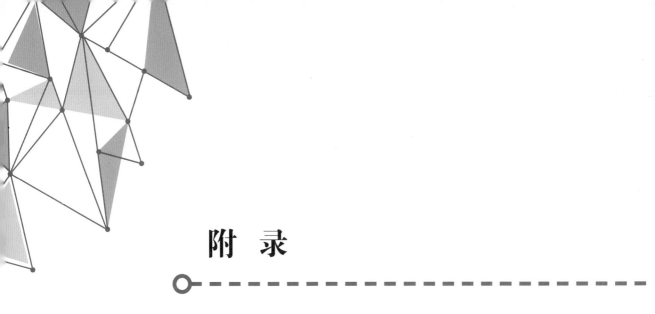

附　录

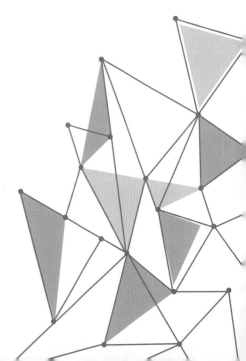

附表 1 救援队概况表

救援队名称					
联络信息	联络人姓名	联络人手机	值班电话		电台频率
队伍规模（人数）	1.总数	2.管理	3.结构技术人员	4.搜救	5.医疗	6.危险品技术人员
装备种类	1.总量／t	2.通信／套	3.搜索仪器／件	4.搜索犬／条	5.救援车／台	6.照明／套
自我保障时间（划√）	3d	4d	5d	6d	7d	7d以上
特别事项（在□上划√）	1.大型机械	2.重型防化服	3.其他			
	□有 □无	□有 □无				
资源需求	1.向导	2.运输车辆	3.人力	4.地图	5.电力	6.饮用水
	7.汽油／L	8.柴油／L	9.医用氧气／L	10.吊车／台	11.铲车／台	推土机／辆
行动区域	（可附地图粘贴） 指挥部负责人： 救援队负责人： 年 月 日 时 分					

附表 2 工作场地评估表

救援队名称					
工作场地名称及位置					
环境危险性评估（在□上划√）	煤气泄漏	□有　　□无	其他危化品泄漏	□有　　□无	
	易燃、易爆	□有　　□无	台风	□有　　□无	
	崩塌	□有　　□无	滑坡	□有　　□无	
	泥石流	□有　　□无	洪水	□有　　□无	
	周边建（构）筑物稳定性	□稳定　□不稳定	周边受损建（构）筑物对施救的影响	□有　　□无	
	水管破裂	□有　　□无	其他		
建筑物基本信息	建筑物名称				
	地址				
	用途				
	估计人数		受困者人数		
	结构类型				
	层数	地上		地下	
	基础类型				
	承重体系				
	空间与通道分布				
结构评估	倒塌形成的空间类型				
	主要破坏部位				
	二次倒塌				
	施救可能对结构稳定性产生的影响				
行动建议	人员装备配置				
	特别注意事项				
	其他				
评估人：		填表人：		年　月　日　时　分	

附表 3　营救现场草图

评估人：　　　　　　　绘图人：　　　　　　　年　月　日　时　分

附表 4　搜索情况表

救援队名称								
工作场地名称及位置								
开始时间		月　　　日　　　时　　　分						
结束时间		月　　　日　　　时　　　分						
搜索方法	人工	搜救犬	仪器		综合		其他	
搜索结果	受困者	数量						
		位置	表层		浅层		深层	
		状态描述						
	遇难人员	数量						
	财/物	数量						
	其他							
标记	搜索标记			明显标志物				
行动建议	营救通道建议							
	人员/装备配置							
	特别注意事项							
	其他							
负责人：　　　　　　　　　填表人：　　　　　　　　　年　　　月　　　日　　　时　　　分								

附表5 营救情况表

救援队名称										
工作场地 名称及位置										
开始时间				月 日 时 分						
结束时间				月 日 时 分						
营救方案	人员		指挥		营救		专家		医疗	保障
	装备配置		照明		机械		破拆		顶撑	支撑
			绳索		移除		其他			
	轮班时间		班组			队伍				其他
	安全措施									
营救过程	方案确定				日 时 分					
	打开通道				日 时 分					
	接近受困者				日 时 分					
	医疗处置				日 时 分					
	移出受困者				日 时 分					
特别事项										
行动启示										

负责人： 填表人： 年 月 日 时 分

附表6 受困者救出信息表

救援队名称								
工作场地名称及位置								
序号	姓名	性别	年龄	救出时间	营救时限	救出状况	移交单位	接收人
1								
2								
3								
4								
5								
6								
7								
8								
9								
10								
11								
12								
13								

负责人：　　　　　填表人：　　　　　　年　月　日　时　分

附表 7 遇难人员处置信息表

救援队名称								
工作场地名称及位置								
序号	姓名	性别	年龄	救出时间	营救时限	救出状况	移交单位	接收人
1								
2								
3								
4								
5								
6								
7								
8								
9								
10								
11								
12								
13								

负责人：　　　　　　填表人：　　　　　　　年　月　日　时　分

附表 8 现场医疗处置记录表

救援队名称							
姓　名		年龄		性别		编号	
身份证号码（选填）					救出时间		
联系方式					送到时间		
初步诊断结果和伤情评估							
治疗措施							
后送治疗意见及建议							

主任（主治）医生签字：　　　　　　　　　年　　月　　日　　时　　分

附表 9 专场 / 撤离申请表

救援队名称				
联络信息	联络人姓名	联络人手机	值班电话	电台频率
到达时间	年　月　日　时　分			
接受任务来源				
行动基地地点				
转场 / 撤离原因				
救援行动成果		工作场地 1	工作场地 2	工作场地 3
	搜索受困者数量			
	救出受困者数量			
	转移遇难者数量			
	医疗救援数量			
预计转场 / 撤离时间				
负责人：		年　月　日　时　分